Jorge Alfredo González Pérez
Eunice Jeaques Velinay

Comportamiento agroproductivo de dos variedades de repollo en Cuvelai

Jorge Alfredo González Pérez
Eunice Jeaques Velinay

Comportamiento agroproductivo de dos variedades de repollo en Cuvelai

Comportamiento de 2 variedades de repollo en las condiciones edafoclimáticas de Mukolongodjo, municipio de Cuvelai

ScienciaScripts

Imprint
Any brand names and product names mentioned in this book are subject to trademark, brand or patent protection and are trademarks or registered trademarks of their respective holders. The use of brand names, product names, common names, trade names, product descriptions etc. even without a particular marking in this work is in no way to be construed to mean that such names may be regarded as unrestricted in respect of trademark and brand protection legislation and could thus be used by anyone.

Cover image: www.ingimage.com

This book is a translation from the original published under ISBN 978-3-639-68271-7.

Publisher:
Sciencia Scripts
is a trademark of
Dodo Books Indian Ocean Ltd. and OmniScriptum S.R.L publishing group

120 High Road, East Finchley, London, N2 9ED, United Kingdom
Str. Armeneasca 28/1, office 1, Chisinau MD-2012, Republic of Moldova, Europe
Managing Directors: Ieva Konstantinova, Victoria Ursu
info@omniscriptum.com

Printed at: see last page
ISBN: 978-620-8-56988-4

ACUSE DE RECIBO

- ✓ Quisiera empezar dando las gracias a Dios Todopoderoso por darme fuerzas para seguir adelante. A todos los que, de un modo u otro, pusieron a disposición sus capacidades y esfuerzos para hacer realidad esta etapa.
- ✓ Quiero dar las gracias a mi madre, que siempre me ha apoyado en mi formación académica.
- ✓ Me gustaría dar las gracias especialmente a mi marido, Jorgelino Afonso dos Santos, por su apoyo y ánimo a lo largo de este viaje.
- ✓ En particular, quisiera expresar mi más profunda gratitud a mi supervisor MSc Jorge Alfredo González Pérez por su lectura del trabajo y las sugerencias metodológicas que hizo con miras a una mejor reestructuración del mismo.
- ✓ Me gustaría dar las gracias al I.P.O. y a todo el personal docente por las condiciones de enseñanza que me han proporcionado durante mi formación, a mi familia en general, a mis compañeros y amigos que han contribuido a hacer realidad este momento de mi vida.

Mi más profundo agradecimiento a todos

DEDICATORIA

- ✓ Este trabajo está dedicado a mis eternos padres Jeaques Moisés Eduardo y Colmicil Ndamona (en la memoria), por ser las primeras personas que me animaron a dar los primeros pasos hacia una institución educativa.
- ✓ A mi marido, Jorgelino Afonso dos Santos, por su paciencia, comprensión y apoyo.
- ✓ A mi hijo Jorgeveny Peandju Velinay dos Santos, por ser mi segunda bendición.

RESUMEN

Esta investigación se llevó a cabo con el fin de evaluar dos variedades de col en las condiciones edafoclimáticas de Mukolongodjo. El experimento se realizó en la cooperativa R. L Cantinho do Chicote, en el municipio de Cuvelai, y las variedades analizadas por tratamiento son: **T1** Repollo (Brassica Olerácea L. *var. troncuda o português*), **T2** Repollo (Brassica Olerácea L. *var. manteiga* I -1811 *(B)*). Variables de crecimiento evaluadas: Altura de la planta (cm), número de hojas (U), diámetro del pseudotallo (cm) y anchura y longitud de las hojas (cm). Variables de rendimiento y sus componentes: Masa foliar fresca (g). Los mejores resultados para las variables crecimiento y peso foliar se obtuvieron en el tratamiento T1 (Repollo (Brassica Olerácea L. *var. troncuda o português*)) para las condiciones edafoclimáticas locales. Los resultados económicos fueron positivos para ambos tratamientos

Palabras clave: suelo y clima, hoja, fertilización, condiciones.

Índice.

I. INTRODUCCIÓN

La población mundial y la capacidad tecnológica para preservar la vida y los alimentos han crecido progresivamente. En los últimos 200 años, el crecimiento ha sido exponencial, lo que significa que la población mundial se duplica cada 40 años, según Cassinda (2016), quien también señala que los países tropicales, especialmente los de África, la gran mayoría de los cuales pertenecen al tercer mundo, son los que más sufren los efectos de la superpoblación, la malnutrición, las desigualdades sociales, el deterioro del medio ambiente y los más vulnerables a los retos del futuro.

La agricultura y su producción representan la base y el sustento de la mayoría de los pueblos del mundo. El aumento de la calidad de vida en el planeta depende de sus avances científicos y del progreso tecnológico, por lo que satisfacer las necesidades alimentarias de una población en rápido crecimiento es uno de los retos esenciales del siglo XXI. En el futuro, estas necesidades tendrían que garantizarse fundamentalmente aumentando la productividad de los cultivos agrícolas, especialmente de aquellos que constituyen la base alimentaria en cada región FAO (2012) y citado por Gaudioso (2021).

La superficie total de Angola, según la FAO (Aqua STAT), es de unos 124,6 millones de hectáreas y la superficie cultivada en 2007 no superaba los 3,6 millones de hectáreas, es decir, sólo el 2,88% de la superficie total del país. Para un país en el que la actividad agrícola es la principal fuente de empleo (la agricultura y la ganadería representan la principal actividad económica de más del 65 % de la población angoleña, según el MINADER (2003)), esta cifra es claramente muy baja, lo que demuestra que la agricultura se encuentra todavía en una fase muy incipiente. Gaudioso (2021).

Angola es uno de los países con mayor potencial de desarrollo del continente africano. Afectado por la crisis internacional de 2009, uno de los sectores más dinámicos para el crecimiento de la economía angoleña es la agricultura, una tasa de crecimiento real del 29 %, y el sector agrícola es vital para la economía y la sociedad, según los Presupuestos Generales del Estado (OGE, 2011).

Sin embargo, según Neto *et al.* (2006), el petróleo domina el panorama económico del país y es el principal enemigo de la agricultura, por lo que el país sigue dependiendo en gran medida de las importaciones, sobre todo de productos alimentarios. Esto ha llevado a la transformación de la Angola agrícola y rural en una Angola dependiente de un monoproducto, el petróleo, lo que ha traído consigo el empobrecimiento de la mayoría de la población. También subraya la dificultad de revitalizar el sector agrícola angoleño y desarrollar el mundo rural.

Según un informe presentado por el Plan de Desarrollo del Sector Agrícola (PDSA) y el Instituto Nacional de Estadística (INE, 2015), la agricultura es el tercer sector del PIB de Angola, aunque se cultiva menos del 30% de la tierra cultivable y la productividad agrícola y el rendimiento de los cultivos siguen siendo muy bajos en comparación con otros países del África subsahariana.

Autores como Sambeny, Alves, Calegar, Tollini, Dias *et al.* (2011) coinciden en que la agricultura en Angola es una actividad predominantemente familiar para miles de pequeños agricultores de subsistencia, que plantan una media de 1,4 ha por familia, con un ligero aumento de la superficie plantada cada año.

La producción se ha llevado a cabo en la principal temporada de siembra de secano, entre septiembre y abril. La segunda temporada de plantación tiene lugar principalmente en tierras bajas y húmedas y se lleva a cabo de junio a agosto.

Las hortalizas son consideradas uno de alimentos más importantes del mundo por su importancia en la dieta, su alto contenido nutricional tanto de vitaminas como de minerales y por ser una opción de consumo para los habitantes del planeta. Según Castro, Díaz, Pérez, Rodrigues y Gómez (2010), la población mundial ha crecido progresivamente. En los últimos 200 años, el crecimiento ha sido exponencial, lo que significa que se duplica cada 40 años, por lo que nuestra capacidad tecnológica y científica debe orientarse a preservar la vida y alimentarnos. El gran reto del en los próximos años será producir alimentos para satisfacer la creciente demanda de la población que habitará el planeta.

En los países del continente africano, la agricultura se encuentra en el centro de los retos a los que se enfrentan estos países, especialmente los del tercer mundo, ya que es la fuente de una gran parte de los alimentos y otras materias primas de África, y alberga a la población más desigual, lo que influye significativamente en la estabilización del medio ambiente y en la reducción de la capacidad productiva del suelo (García, 2004).

Para todo ser humano, las hortalizas representan la única fuente de sustento nutritivo para producir energía, regular las funciones corporales, alimentarse y vivir. Desde punto de vista económico y social, son importantes por ser fuente de alimentos y empleo, por la demanda de alimentos en todos los ámbitos de la vida y por su alto valor e industrialización en los mercados locales, regionales y nacionales.

Desde el punto de vista alimentario, se consideran importantes para la dieta humana, ya que incorporan al organismo vitaminas, minerales, hidratos de carbono y fibra, esenciales para el desarrollo normal del individuo y la prevención de muchas enfermedades (Bettiol, 2004).

Entre las hortalizas, la col (Brássica olerácea L.) se está convirtiendo poco a poco en un producto muy importante para las explotaciones agrícolas, y es necesario aumentar los rendimientos. Este cultivo está ganando cada vez más aceptación como consecuencia del cambio en los gustos del consumidor, que evoluciona a favor de la utilización de unidades no muy grandes, pero obteniendo una mayor producción (Saavedra, 2013).

La col es una planta difícil de describir, ya que las distintas variedades son muy diferentes desde el punto de vista morfológico. Puede considerarse una planta herbácea, pero hay algunas variedades que son leñosas en la zona del tallo, y puede considerarse una planta bienal, pero a veces tiene inclinaciones perennes, y su ciclo vital puede prolongarse durante más de dos años. A finales de la Edad Media, la col era la hortaliza más utilizada en Europa; las variedades rizadas o lisas ya se consumían en Grecia en el siglo IV a.C. Los antiguos romanos ya se referían a la col rizada como liana, y se considera que es la forma más ancestral de la col rizada actual. Hoy podemos diferenciarla según la longitud del tallo y las características de las hojas (Almeida, 2014).

Es un alimento rico en nutrientes y bajo en calorías. Es rica en vitamina A y C. Tiene calcio, betacaroteno y un alto contenido en antocianinas (Cassinda, 2016). La producción ecológica de hortalizas, en el caso de la col (Brássica Oleraceae L), ha crecido significativamente a lo largo de años, haciendo que los productores o agricultores cambien la forma de plantar o manejar sus cultivos.

También es importante para la nutrición humana, se reconoce desde hace miles de años y es una excelente fuente de energía para una dieta saludable (Saavedra, 2013).

Según Cartea, Velasco, Obrégon, Padilla y De Haro (2008), las verduras suelen consumirse crudas. Pero hay situaciones en las que es necesario o incluso preferible colarlas. En este caso, el contenido en nutrientes y la capacidad estos vegetales pueden verse alterados. Con consecuencias positivas y negativas, como la mejora de la actividad de compuestos presentes de forma natural, la formación de nuevos compuestos con actividad nutricional y la pérdida de nutrientes presentes de forma natural en ellos.

La col rizada es rica en hierro y clorofila, lo que la convierte en una excelente opción para prevenir y tratar la anemia, y ayuda a desintoxicar el organismo, evitando la absorción de sustancias químicas de los alimentos y la retención de líquidos. La col rizada también es rica en ácido fólico, una vitamina esencial antes y durante el embarazo, que ayuda al desarrollo de la médula ósea de los bebés durante la gestación (Zamberlam, 2001).

El alto contenido de vitamina C y azufre de la col elimina las toxinas (radicales libres y ácido úrico), que son las principales causas de la artritis, las enfermedades de la piel, el reumatismo y la gota (Clínica Meihua, 2014).

Cada año, la provincia de Cunene importa una gran cantidad de esta hortaliza de otras provincias de Angola y de la República de Namibia, gastando en ello mucho dinero y una cantidad considerable de recursos, que aumentan a medida que sube el consumo y los precios (MINADER, 2005).

Por ello, la introducción y evaluación de distintas variedades de hortalizas a lo largo del tiempo, y de la col en particular, sería un buen paso adelante en la lucha contra el hambre, de ahí la formulación del **problema científico** de esta investigación: "Qué variedad de col tiene el mejor comportamiento agroproductivo en las condiciones edafoclimáticas de Mukolongodjo".

Por eso nos planteamos la siguiente **hipótesis:** "Si pudiéramos determinar qué variedad de col se comporta mejor, podríamos aumentar el rendimiento y la producción de esta hortaliza en la ciudad de Mukolongodjo".

Se propone el siguiente **objetivo general**: "Evaluar el comportamiento de dos variedades de col en las condiciones edafoclimáticas de Mukolongodjo".

Objetivos específicos

1. Evaluar las principales características agroproductivas de la col (*Brássica olerácea* L) en Mukolongodjo.
2. Seleccione la variedad con mejores resultados.
3. Análisis de los costes económicos del cultivo de la col.

II. REVISIÓN BIBLIOGRÁFICA

2.1 Características generales del sector agrícola

Una de las características fundamentales de los sistemas de producción es su efecto en el mejoramiento o mantenimiento de las propiedades del suelo y del ambiente, y de la producción o productividad de los sistemas. Este es un aspecto especialmente importante a considerar en el desarrollo de mecanismos de evaluación de la sostenibilidad y de los sistemas de producción, ya que garantizaría una evaluación integral del sistema manejo-medio ambiente-producción (Ríos, Munoz, Pérez, Franco y Arango, 2000).

Según Márquez (2012), en muchos países, el sector agrario se caracteriza por su heterogeneidad en el uso de sistemas de producción, ya sea una sociedad campesina tradicional orientada a la subsistencia, cuya producción se realiza con insumos locales, prácticas de conservación y mano de obra familiar, sociedades campesinas en transición con agricultura mixta parcialmente orientada al mercado, apoyada en una mezcla de tecnología tradicional y moderna y relaciones laborales recíprocas, y por otro lado, una sociedad rural capitalista moderna con producción especializada y mecanizada intensiva en capital, y dependiente del mercado internacional.

Como señala la Conferencia de las Naciones Unidas sobre Comercio y Desarrollo, hay dos formas de aumentar la producción agrícola: aumentar la tierra cultivable y aumentar el rendimiento de los cultivos. Sin embargo, las posibilidades de aumentar la tierra cultivable son limitadas, al igual que la disponibilidad de agua para la agricultura. En este sentido, una prueba litográfica de la FAO (2012) afirma que el 80% del aumento de la producción necesaria puede provenir de un aumento de los rendimientos y sólo el 20% de la expansión de las tierras cultivables.

El sector agrícola y ganadero es un sector económico crucial para cualquier economía. Está clasificado como un sector económicamente complejo que contiene una gran riqueza de conocimientos técnicos y científicos acumulados, transmitidos y enriquecidos de generación en generación. La producción de alimentos es la condición primaria de vida de los productores directos, y de cualquier producción en general, por lo que el sector pecuario es un sector de importancia decisiva en la producción material y para la economía (Muñoz, Germani, Aguilar, Jacinto, Sarmiento *et al.*, 2015).

La productividad agrícola es uno de los aspectos agronómicos más importantes del sector, ya que cada vez es más necesario aumentar la producción y, al mismo tiempo, no ampliar el área plantada, por lo que la gestión eficiente de los recursos disponibles es indispensable para mantener y mejorar las condiciones de vida de la población (Paterniani, 2001 y Carvalho, Ferreira, Silva Teixeira, Oliveira, Carvalho y Santos, 2016).

2.2 Sistemas de producción

Un sistema de producción es una combinación de diferentes subsistemas: los cultivos, definidos a nivel de parcelas cultivadas homogéneamente, con las mismas tecnologías y sucesiones de siembra (en este sentido, se distinguen varios sistemas agrícolas dentro de un proceso productivo), la ganadería, definida a nivel de rebaños de animales, la transformación de productos agrícolas (transformación de cereales, elaboración de quesos, etc.), y las actividades no agrícolas (Apollin y Eberhart, 1999). El sistema de autosubsistencia se conoce como producción familiar ya que son ellos quienes aprovechan al máximo sus recursos productivos (Palácios y Barrientos, 2014).

Los sistemas de producción agraria se enfrentan a grandes retos debido a la globalización, y es muy importante que estos sistemas mejoren su gestión para adaptarse a los diversos cambios del entorno y mantener un nivel sostenible de competitividad (Aguilera *et al.*, 2003).

Se considera que los sistemas de agricultura ecológica son capaces de restaurar y conservar el suelo, el agua y la biodiversidad en general. Por lo tanto, es necesario compararlos con otros sistemas y enfoques de producción, teniendo en cuenta los indicadores de sostenibilidad (Astier, Masera y Galván, 2008).

La selección de los sistemas de producción depende de los intereses de cada productor, en función de la escasez relativa de los recursos disponibles maximizar los ingresos por hectárea (Dufumier, 1990), generando interacciones entre la agricultura de subsistencia, la producción de cultivos comerciales y otros medios de diversificación de los ingresos.

La necesidad de caracterizar los sistemas productivos en contextos de pobreza rural en América Latina se debe a la gran diversidad de condiciones biofísicas y socioeconómicas, ya que la caracterización es fundamental para diseñar estrategias biodiversas, resilientes y socialmente justas para el consumo de la humanidad (Altieri y Nicholls, 2013).

La normalización y ponderación de los indicadores según procedimientos cuantitativos permite comparar propiedades y analizar las múltiples dimensiones (medioambiental, económica y social) de la sostenibilidad de los sistemas de producción (Sarandón *et al.*, 2006).

2.2.1 Conocimiento de los agricultores sobre sus sistemas de producción

Existen múltiples formas de conocimiento en las comunidades que pueden ser recuperadas para su incorporación en el diseño programas de manejo de recursos naturales (Ortega, 2009), quien señaló que los agricultores conocen bien sus cultivos, ambientes de producción y condiciones socioeconómicas. En muchos casos, pueden expresar las razones que les impulsan a utilizar determinadas prácticas agronómicas o a tomar ciertas decisiones.

Este conocimiento, documentado por numerosos expertos en ciencias sociales y biología, abarca los tipos de suelo y entornos de producción en los que trabajan (Kamangira, 1997), sus cultivos y variedades (Sperling *et al.* 1993), los insectos y plagas a los que se enfrentan (Bentley y Rodríguez, 2001) y las prácticas de gestión del suelo y el agua que utilizan (Lamers y Fiel, 1995). Comprender estos conocimientos es un paso fundamental para establecer un diálogo entre agricultores y científicos, y un punto referencia clave que los agricultores utilizan a la hora de tomar decisiones y comunicarse entre (Lambert, 2010).

Por lo tanto, si los científicos quieren contribuir al bienestar de los agricultores, tienen que comprender sus conocimientos, proporcionarles nueva información, desarrollar tecnologías adecuadas para ellos y mantener una buena comunicación. Sin embargo, para comprender estos conocimientos, los científicos primero tienen que adquirirlos y analizarlos (Lamers y Fiel, 1995).

Para caracterizar un sistema de producción es muy importante la percepción que tienen los agricultores de las diferentes opciones tecnológicas, especialmente las características que utilizan para juzgar si una tecnología es apropiada para ellos. Este juicio no consiste necesariamente en aceptarlas o rechazarlas, sino en clasificarlas generalmente como menos apropiadas (Bellón, 2002 y Lambert, 2010).

Por lo tanto, la variabilidad identificada por los agricultores en sus tierras debe tenerse en cuenta explícitamente, ya que puede ser un factor clave en el desarrollo y/o la adopción de tecnologías agrarias. Estas taxonomías pueden ayudar a identificar dónde son apropiadas o no las tecnologías. Además, conocerlas puede ser útil para los científicos porque les ayuda a comunicarse mejor con los agricultores (Bellón, 2002).

2.2.2 Caracterización de los sistemas agroproductivos de Angola

Según Sardinha y Carriço (1975), en el período anterior a la independencia, la agricultura era el sector más fuerte de la economía, sirviendo de base para todo el desarrollo económico del país y proporcionando sustento a más del 85% de la población. En este periodo, la superficie dedicada al maíz era de 1.459,3 millones de hectáreas. También era el cuarto productor mundial de café y uno de los principales exportadores de maíz. La producción de cereales, maíz, mijo, mijo y arroz, legumbres, frijoles, cacahuetes, raíces y tubérculos, mandioca, patatas, batatas y ñames, y otros cultivos industriales como el algodón, el sisal, la caña de azúcar y la palma aceitera también contribuyó al comercio interior y exterior (MINADER, 2009).

La agricultura en Angola sólo representa el 12% del Producto Interior Bruto (PIB), lo que aumenta la autosuficiencia alimentaria (MINADER, 2006 y FAO, 2011). Sin embargo, es una actividad fundamental para la población angoleña ya que, como hemos mencionado anteriormente, alrededor del 65% de la población depende de esta actividad económica para sobrevivir. La agricultura es esencialmente familiar, donde los alimentos se producen para el autoconsumo y los excedentes se venden esencialmente en los mercados locales.

Según el Ministerio de Agricultura y Desarrollo Rural de Angola (MINADER), los principales cultivos en términos de cantidades y áreas cultivadas para la campaña 2019-2020 fueron: yuca, maíz, batatas, patatas de riñón, etc. (Tabla 1).

Tabla 1. Producción, superficie y productividad de los principales cultivos en la campaña 2019/2020.

N o.	Cultura	Producción (toneladas)	Superficie (ha)	Rendimiento ($t.ha^{-1}$)
1	Maíz	743 000	1 094 000	679
2	Massango/ massambala	138 000	353 000	391
3	Arroz	8 700	6 000	690
4	Yuca	8 607 000	749 000	11 491
5	Judías	109 000	353 000	309
6	Cacahuetes	66 000	182 000	363
7	Patatas fritas	309 000	124 000	2 492
8	Boniatos	664 000	145 000	4 579

Fuente: Gaudioso (2021).

En términos de superficie, podemos ver que los cultivos más son el maíz, que, junto con el massango y la massambala, es el alimento básico en el Centro y el Sur, y la mandioca, que es el alimento básico en el Norte y se consume cada vez más en todo el país.

Aunque las cifras de producción de cereales (maíz, mijo/massamba y arroz) son muy superiores a las de campañas anteriores, siguen insuficientes para satisfacer las necesidades del país (MINADER, 2005). También hay que señalar que estas cifras globales no significan que los productos estén bien distribuidos por todo el país, es decir, debido al mal estado de la red de carreteras y a la ineficacia de los sistemas de comercialización, es posible que los probables excedentes de producción no hayan llegado a las zonas deficitarias.

El cultivo de la mandioca, debido a sus bajos requisitos de cultivo, al hecho de que puede permanecer en el suelo durante largos períodos (cosechándose sólo cuando es necesario) y a su elevado rendimiento medio por hectárea, es hoy un importante factor de seguridad alimentaria en Angola. La elevada productividad registrada en el cuadro anterior significa que hoy existe una excelencia considerable de este producto en el país (Vasques, 2010).

En cuanto a la producción de las principales legumbres, por ejemplo en caso de las judías, las necesidades del país están aún lejos de ser cubiertas, ya que sólo se produce un tercio de las necesidades del país. En cambio, en lo que respecta al cacahuete, las necesidades están cubiertas en un , por lo que es probable que el país se convierta en exportador de este en el futuro. En cuanto a la producción de batata, se estima que existe un excedente de este producto orden de una quinta parte de la producción nacional, mientras que la producción de patata de reno cubre alrededor del 80 de las necesidades nacionales (MINADER, 2005).

La agricultura en Angola es fundamentalmente de tipo familiar, donde el uso de tecnología avanzada es escaso y normalmente se utilizan herramientas manuales para la preparación de la tierra, el deshierbe, la siembra y la cosecha. El uso de insumos agrícolas es escaso y los rendimientos suelen ser bajos en comparación con la producción mundial. Se calcula que los agricultores tradicionales (o campesinos) son responsables del 80% de la producción nacional. El resto de la producción, un 18%, procede de agricultores medianos, y sólo un 2% de agricultores comerciales (Pedro, 2008).

Tras haber sido uno de los mayores exportadores mundiales de café y otros productos agrícolas como algodón, sisal, maíz, mandioca y plátanos, la agricultura angoleña se caracteriza ahora por una producción agrícola muy por encima de su potencial, lo que obliga al país a gastar grandes sumas de dinero en la importación de alimentos (Agro-negócio, 2014). Cabe destacar que existen medidas y esfuerzos para combatir la pobreza y la inseguridad alimentaria en varios países africanos, entre ellos Angola. El 9 de julio de 2002, los ministros africanos de aprobaron el Programa Detallado para el Desarrollo de la Agricultura Africana (PDDAA) en el marco de la NEPAD (Nueva Alianza para el Desarrollo de África).

Este programa pretende restablecer el crecimiento agrícola, el desarrollo rural y la seguridad alimentaria en la región africana. El PDDAA consta de cinco pilares:

1) Ampliación de la superficie con sistemas de gestión sostenible de la tierra y control seguro de los recursos hídricos;
2) Mejorar las infraestructuras rurales y las capacidades relacionadas con el comercio para un mejor acceso a los mercados;
3) Aumentar el suministro de alimentos y reducir el hambre;
4) Desarrollo de la investigación agrícola, difusión y adopción de tecnologías para apoyar el crecimiento de la productividad a largo plazo;
5) Desarrollo sostenible de los recursos ganaderos, pesqueros y forestales (Neto, 2008).

Teniendo esto en cuenta, el gobierno angoleño, con el objetivo de reducir la pobreza y la inseguridad alimentaria, solicitó a la FAO la creación de un Programa Nacional de Inversiones a Medio Plazo (PNIMP) y una cartera de Proyectos Financiables (BIIP, s) (MINADER, 2004).

La viabilidad de las inversiones en el sector se ve afectada por diversas limitaciones. La dependencia del mercado exterior y la economía inflada aumentan los costes de la producción agrícola y de los equipos, que en su mayoría son importados, y existe también el agravante de los bajos niveles de productividad en la mayoría de los productos (Angola - Perfil del sector privado del , 2012).

La extensión del territorio angoleño y la existencia de condiciones naturales favorables, en particular edafoclimáticas, representan un potencial extraordinario para las actividades agrícolas y forestales del país. Aunque la economía nacional se sustenta principalmente en los recursos naturales no renovables, el sector agrícola contribuye de forma importante a la economía del país, siendo el tercer mayor contribuyente al PIB del país, así el principal reservorio de mano de obra por excelencia (Ministerio de Agricultura, 2013).

Según Agro-negócio (2014), las inversiones en sistemas de producción en los sectores agrícola y ganadero son inversiones a medio y . Incluso cuando se trata de cultivos anuales, es necesario optimizar los sistemas de producción que afectan a la productividad, como la selección de variedades, el ajuste de la fertilización, la corrección del suelo, el control de plagas y enfermedades, etc.

En este sentido, el Ejecutivo angoleño, a través del Ministerio de Agricultura, ha venido desarrollando programas destinados a promover y fomentar la actividad económica privada, fundamentalmente la producción de bienes y servicios, vinculados directa e indirectamente a la producción agrícola (Ministerio de Agricultura, 2013).

Las características climáticas, el conocimiento y la experiencia generacional son factores claves en el proceso de desarrollo de sectores productivos que promueven la dinamización del sector agroindustrial y logístico, aprovechando las ventajas que ofrece la posición geoestratégica de la provincia, brindando la posibilidad de abastecer el mercado nacional, sustituir importaciones e impulsar el desarrollo del sector cárnico y sus derivados (Ministerio de Agricultura, 2013).

2.3 Características de los productores y aspectos socioeconómicos y territoriales

2.3.1 Escolarización y asociaciones

Según Freitas y Bacha (2004), el mayor nivel de educación de los agricultores está relacionado con su capacidad empresarial, lo que les facilita adaptarse a los cambios cíclicos y estructurales de la agricultura. Dada la importancia de la escolarización, los autores correlacionan positivamente el capital humano con el nivel de crecimiento de los estados. Reforzando estas inferencias, Wizniewsky y Wizniewsky (2009) afirman que los bajos niveles de escolarización tienen un impacto negativo en la gestión de las explotaciones familiares al dificultar la implementación de ciertas tecnologías y la comprensión de la sostenibilidad. Sin embargo, destacan la importancia de los conocimientos acumulados para llevar a cabo las actividades en la explotación.

Según Moraes y Curado (2004), el objetivo de las asociaciones comunitarias rurales es mejorar el proceso productivo y la comunidad mediante la integración de las acciones de los agricultores familiares. La práctica de la solidaridad también puede facilitar las relaciones con profesionales vinculados al medio ambiente, las instituciones y la sociedad en su conjunto (Lazzarotto, 2002).

2.4 Peculiaridades de la producción de hortalizas

La característica más llamativa es el uso intensivo del suelo, el cultivo, la mano de obra y los insumos agrícolas modernos (semillas, pesticidas y fertilizantes químicos). Estos insumos se utilizan en grandes cantidades por superficie cultivada. Por otro lado, permite obtener elevados ingresos netos por superficie cultivada (Filgueira, 1981).

El oleicultor es el tipo de empresario rural que obtiene mayores beneficios por unidad de superficie cultivada en comparación con otros agricultores o ganaderos. Esto se debe a que, en la mayoría de los casos, el ciclo de cultivo de las hortalizas es mucho más corto el de otros cultivos. A modo de ejemplo: en un año, en la misma parcela de tierra, se pueden realizar 3 cultivos de tomates trasplantados, o 6 cultivos de lechugas trasplantadas, o 12 cultivos de rábanos de siembra directa. El ciclo de las hortalizas suele ser de 3 a 6 meses, excepción del pargo (que es perenne) o el chayote (semiperenne) (Makishima, 1983).

Como las superficies son menores, se puede mejorar el cultivo intensivo, utilizando la polinización manual, la fumigación de los bancales, la producción de plantones en contenedores, de los frutos, la fertilización foliar, etc. De esta forma se hace un uso intensivo de la mano de obra y de la tierra. Debido a su alta rentabilidad física y económica, la olericultura permite utilizar tierras con baja fertilidad natural, que sería antieconómico destinar a otros cultivos (Zamberlam y Froncheti, 2001).

2.4.1 Clasificación de las hortalizas

Según Bevilacqua (2002), debido al gran número de especies implicadas y a las particularidades de cada cultivo, es una metodología capaz de poner de relieve las similitudes y diferencias botánicas y tecnológicas entre estos cultivos.

Por ello, se intenta agruparlas de forma didáctica y existen varias clasificaciones basadas en características comunes. Una clasificación muy antigua considera como criterio de agrupación las partes utilizadas en la alimentación humana y que tienen valor comercial.

Esta clasificación es utilizada actualmente, con pequeñas modificaciones, por el Sistema Nacional de Centrales de Abastecimiento (Zamberlam y Froncheti, 2001):

- ✓ Hortalizas tuberosas: aquellas cuyas partes útiles se desarrollan en el interior del suelo, entre ellas: tubérculos (patatas, boniatos), rizomas (ñames), bulbos (cebollas, ajos) y raíces tuberosas (zanahorias, remolacha, boniatos, mandioca).
- ✓ Hortalizas de fruto: se utiliza el fruto, verde o maduro, entero o en parte: sandía, pimientos, okra, guisantes, tomates, jiló, berenjena, calabaza.
- ✓ Hortalizas herbáceas: aquellas cuyas partes utilizables están por encima del suelo, son tiernas y jugosas: hojas (lechuga, taioba, col, espinacas), tallos (espárragos, hinojo, apio), flores e inflorescencias (coliflor, brécol, alcachofas).

2.4.2 Origen y distribución geográfica del cultivo de la col

Diversos estudios han llegado a la conclusión de que los tipos cultivados de Brassica oleracea se originaron a partir de un único progenitor similar a la forma silvestre, que fue llevada desde las costas atlánticas hasta el Mediterráneo, y que la evolución y selección de los distintos tipos cultivados tuvo lugar en el Mediterráneo oriental. Las Brassicas son especies cosmopolitas, especialmente abundantes en el Mediterráneo, el suroeste de Asia, Asia Central y la costa oeste de Norteamérica. Entre las especies interés económico se encuentran la colza (Brassicanapus) y algunos géneros ornamentales (Cleome, Hesperis, Erysimum, Iberis, Lunaria, Lobularia) (Almeida, 2014).

Al principio, el cultivo de la col se concentró en la península itálica y, debido a las intensas relaciones comerciales de la época romana, se extendió a distintas zonas del Mediterráneo. Durante el siglo XVI, el cultivo se extendió a Francia y apareció en Inglaterra en 1586. En el siglo XVII se extendió por toda Europa y, finalmente, durante el siglo XIX las potencias coloniales europeas extendieron el cultivo a todo el mundo (Triani *et al.*, 2015).

Tras el descubrimiento del Nuevo Mundo, los europeos la introdujeron en América, y se hizo muy popular entre los indígenas. Ya en el siglo XVII, Nicholas Culpeper, amante de la alquimia, la física y la astrología, sugería en su obra "Complete Herbal" que el zumo de col mezclado con vino podía mejorar el dolor de una picadura de víbora. El cultivo tolera suelos con alto contenido en sal y yeso, pero es intolerante a otros ambientes en los que tiene que competir con otras plantas en condiciones diferentes (Saavedra, 2013).

La col de hoja, una hortaliza anual o bienal de la familia de las Brassicaceae, también conocida como col común y col de mantequilla, es originaria del continente europeo. Su consumo ha ido aumentando gradualmente, probablemente debido a las nuevas formas de utilizarla en la cocina y a los recientes descubrimientos científicos sobre sus propiedades nutricionales y medicinales (Bianco, 2015).

Los cultivares Manteiga de Ribeirão Pires (A), Manteiga de Jundiaí (L); Manteiga São José (N), Pires 2 de Campinas (R), Orelha de Elefante (U), Vale das Garças (V), Comum (X) e IAC - Campinas - Mendonça destacan por el número de hojas por planta, su tamaño, aspecto y sabor, que agradan al consumidor.

El género Brassica incluye muchas especies de gran interés por su importancia económica y su valor nutricional. El consumo de estos vegetales asocia a efectos beneficiosos para la salud, como la protección contra el cáncer y las enfermedades cardiovasculares (Oberley y Oberley, 1997; Moore *et al.*, 2007).

Dentro de este género, Brassica oleracea es especialmente importante, ya que incluye una amplia variedad de cultivos como la acedera, la col, la coliflor, el brécol y las coles de Bruselas. La col es especialmente rica en compuestos antioxidantes, como vitaminas, fenoles, carotenoides y glucosinolatos, y sobre todo es rica en calcio (Rosa y Heaney, 1996; Nilsson *et al.*, 2006).

La planta de la col puede propagarse por semillas o por brotes. Las semillas se siembran en bandejas isoporas y luego se trasplantan con cepellón, mientras que los brotes se toman de las axilas de las hojas de las plantas adultas y se trasplantan en camas y/o bandejas, siendo este método el más utilizado por los agricultores. Las plántulas de cultivares híbridos solo se producen mediante semillas, ya que las plantas no producen Trani *et al.* (2015). La propagación mediante brotes es más sencilla, ya que los brotes se plantan en camas, que enraízan y crecen en el mismo lugar.

Las hojas deben cosecharse cada siete a diez días, eligiendo hojas bien desarrolladas de unos 20 a 30 cm de largo, aunque hay mercados más exigentes que prefieren hojas de 25 a 30 cm de largo. Durante la recolección, se recomienda eliminar las hojas y brotes viejos para estimular la formación continua de hojas nuevas en el tallo principal de la planta (Trani *et al.*, 2015).

2.4.3 Clasificación taxonómica

La col (Brassica oleracea L.) fue descrita por primera vez por Linneo en Species plantarum (1753), describiendo una especie silvestre. Según Almeida (2014), la designación genética de la especie considera dos variedades botánicas:

- ✓ Brassica oleracea L., variedad Acephyala DC, que incluye la col rizada, un cultivar de col rizada ornamental y col rizada forrajera.
- ✓ Brassica oleracea L., variedad Constata DC, a la que pertenece la col truncada, también conocida como berza o col portuguesa.

Tabla 2. Clasificación taxonómica de la col (Brassica oleracea L.).

Taxonomía	Nomenclatura
Reino	*Verduras*
Sub-reino	*Traqueobionte*
División	*Magnoliophyta*
Clase	*Magnoliopsida*
Subclase	*Dilleniidae*
Pida	*Brassicales*
Familia	*Brassicaceae*
Género	*Brassica*
Especie	*Brassicaoleracea l*
Nombre común	*Col rizada*

Fuente: Gaudioso (2021).

La col pertenece a la familia Brassicaceae, también conocida como Cruciferae, que incluye más de 300 géneros y 3.000 especies, especialmente abundantes en el Mediterráneo, el suroeste de Asia, Asia Central y costa oeste de Norteamérica. La familia también incluye varias especies hortícolas de gran importancia económica. Existen 22 especies de Brassicaceae cultivadas como hortalizas, pertenecientes a 14 géneros (López, 2010).

Según Martínez (2010), el grupo de cultivos Brassica oleracea se divide en siete grupos de cultivos:

- ✓ Grupo Brassica oleracea Acephala - col.
- ✓ Grupo Brassica oleracea Alboglabra - kai-lan (brécol chino).
- ✓ Grupo Brassica oleracea Botrytis - coliflor (y romanesco).
- ✓ Grupo Brassica oleracea Capitata - col.
- ✓ Grupo Brassica oleracea Gemmifera - Coles de Bruselas.

✓ Grupo Brassica oleracea Gongylodes - colirrábano.

✓ Brassica oleracea Italica Group - brécol.

La col es una planta anual o bienal que puede alcanzar los 2 metros de altura durante la fase vegetativa.

2.4.4 Características botánicas de la col

Raíz

La col se considera una planta de raíces poco profundas, con una raíz pivotante bien definida que alcanza hasta 80 cm de profundidad, procedente de numerosas ramas y pelos absorbentes y pueden ser raíces gruesas que sirven de órgano de almacenamiento, de las que se origina un sistema radicular fasciculado (Reghin *et al.*, 2008).

Vástago

Durante el primer ciclo vegetativo (germinación a formación de la col), la col forma un tallo corto, herbáceo, erecto, de tamaño variable y cilíndrico. Según López (2010), puede alcanzar una altura de entre 60 y 80 cm y se vuelve leñoso a medida que la planta envejece, lo que indica que las yemas laterales se localizan en el tallo, en las axilas de las hojas, que están en reposo durante las primeras fases del ciclo . Sólo la yema apical es activa. Crecimiento vegetativo. Este crecimiento se produce a medida que las hojas se desarrollan y se cosechan (Reghin *et al.*, 2008).

Inflorescencia

La col produce una inflorescencia en forma de racimo terminal, paniculado o no, la longitud del racimo varía de 60 a 80 cm. Las flores son amarillas, perfectas y regulares, de tamaño mediano, hermafroditas y fértiles, en su mayoría alógamas, con cuatro sépalos y cuatro pétalos blancos o amarillo pálido, lisos o rugosos, seis hilos lanosos (2 externos cortos y 4 internos largos) y un pistilo con dos cavidades (López, 2010).

Fruta

El fruto es una cápsula silícea, lo que significa que es una vaina ancha y estrecha, generalmente descendente, con una longitud que varía de 5 a 13 cm, el apéndice de la cápsula es corto (Reghin *et al.*, 2008).

Semillas sin endospermo, generalmente en una o dos filas, con cotiledones gruesos y de 8 a 9 semillas, de color negro brillante, redondas y sin arrugas, de tamaño mediano. La longevidad de las semillas en buenas condiciones de almacenamiento alcanza de 5 a 10 años (Reghin *et al.*, 2008).

2.4.5 Requisitos edafoclimáticos de la col

En la calidad de las hortalizas influyen factores previos a la cosecha y otros como la genética y los componentes ambientales (Barber, Maddux, Kissel, Pierezynski y Bock). Incluso en los cultivos de campo, la mayoría de los factores apenas se moldean, demostrando tener una gran influencia en la calidad y el valor nutricional de numerosos productos agrícolas (Romojaro *et al.*, 2007).

El conjunto de los factores climáticos es fundamental para el buen funcionamiento de los cultivos, ya que todos estrechamente relacionados y la acción de uno de ellos afecta al resto. Las coles son cultivos de estación fría, moderadamente tolerantes a las heladas.

<u>Temperatura</u>

Almeida (2014) afirmó que la temperatura es el principal factor climático para el crecimiento y desarrollo del cultivo. Básicamente, se puede estimular el mejor crecimiento lateral suprimiendo la yema apical, lo que la formación de cabezas, aunque tengan poca importancia comercial.

<u>Hojas</u>

Las hojas de este cultivo son grandes, generalmente de 45 cm de largo por 35 cm de ancho, ligeramente pecioladas, alternas, normalmente opuestas, semigruesas, de color verde claro, más o menos oblongas y de forma oval o casi circular, con el borde ondulado. La superficie de la hoja está cubierta de cera sepicuticular que dificulta la permanencia del agua en la superficie, provocando su escurrimiento. La roseta que forman las hojas tiene un diámetro muy variable según la variedad, que oscila entre 50 cm y 1 m.

El número de hojas varía de 10 a 15 en las variedades tempranas, de 20 a 25 en las intermedias y de 25 a 30 en las tardías. Algunas variedades de hoja pueden alcanzar una altura de unos 2 metros durante la fase y producen más a temperaturas que oscilan entre 15 y 18 °C, siendo la óptima de 18 a 24 °C. Los climas influenciados por grandes masas de agua, con temperaturas frescas y uniformes, son favorables para el cultivo. Sin embargo, las plantas pueden soportar temperaturas bajas, y se ha observado que temperaturas de 3 dañan gravemente las plantas pequeñas de 2 a 4 hojas, lo que sólo provoca un retraso en la producción final, sin alterar la calidad. En cambio, si las bajas temperaturas se producen cuando la planta tiene de 8 a 10 hojas, el frío induce la floración, dependiendo de la variedad.

Temperaturas superiores a 30 °C son perjudiciales para esta hortaliza, especialmente en condiciones de baja humedad del suelo y del aire, afectándola menos cuando hay una humedad relativa superior al 80 % (Sousa y Resende, 2010). La temperatura óptima para la germinación se sitúa entre 18 y 20 °C. Durante

La fase de crecimiento del cultivo requiere temperaturas de entre 14 y 18°C durante el día y de 5 a 8°C por la noche, ya que la col requiere una diferencia de temperaturas entre el día y la noche (Infoagro, 2008).

Humedad

En las condiciones de cultivo, la temperatura, la intensidad de la luz y la humedad relativa suelen estar correlacionadas. Si uno de estos factores es al valor óptimo, puede provocar un crecimiento deficiente de la planta. La col es una planta muy húmeda, por lo que lo ideal es que la humedad sea superior al 70%. En zonas más secas, el suelo no debe secarse para que pueda establecerse un microclima húmedo (Ponce, 2010).

El sistema radicular de la col es muy pequeño en comparación con la parte , por lo que es muy sensible a la falta de humedad y puede soportar un mal periodo de sequía, aunque sea muy breve. Al principio del desarrollo de la planta, la humedad relativa debe situarse entre el 65 y el 75 %. Una humedad relativa superior al 75 % favorece el desarrollo de enfermedades, especialmente las causadas por hongos y bacterias. Así, ciertas plagas se ven favorecidas por las altas temperaturas y la baja humedad relativa (Sousa y Resende, 2010).

También se ha observado que la humedad relativa es uno de los factores que afecta la calidad de las hojas, específicamente su textura, junto con otros factores como la humedad del suelo, la disponibilidad de nutrientes y la temperatura (Ponce, 2010).

La humedad relativa también tiene un efecto importante en la acumulación de calcio (Ca) en las hojas debido a su traslación, que tiene lugar con el flujo de masa en la transpiración. Los factores que reducen la evapotranspiración por los órganos de la planta también reducen la acumulación de calcio (Wikipedia, 2009).

El calcio es un elemento fundamental en los tejidos mecánicos de la planta, ya que afecta al crecimiento celular y, en caso de deficiencia prolongada, puede reducir el crecimiento e incluso provocar necrosis foliar. Este elemento también afecta a la cantidad y a las cualidades organolépticas (Sousa y Resende, 2010).

Luminosidad

La luz es otro factor importante, especialmente durante el periodo inicial de crecimiento. La productividad del cultivo de la col, así como su color y textura, dependen en gran medida de la luz solar. Este cultivo prefiere poca luz. Si se va a sembrar a pleno sol, debe hacerse a principios de verano y a mediados de verano, protegido de la luz solar directa con una malla de sombreo u otro dispositivo (Mankin y Fynn, 2006).

Por esta razón, la ubicación de nuestro país es ideal para este tipo de cultivo. En algunas regiones tropicales y subtropicales crece bien, siempre que sea en zonas altas, y puede comportarse como perenne debido a la ausencia de invierno en estas regiones (Sousa y Resende, 2010).

La absorción de agua y de determinados nutrientes, como el nitrógeno y el potasio, aumenta en respuesta al incremento de la radiación solar. Las tasas máximas de absorción se observaron durante la parte más luminosa del día (Mankin y Fynn, 2006).

Suelo

Sousa y Resende (2010) afirman que las hortalizas se cultivan con éxito en suelos con una cantidad adecuada de nutrientes y agua. Estas condiciones son necesarias para que las hortalizas se mantengan blandas y jugosas, requisitos importantes para una buena calidad del producto. El requisito de un suelo fértil se debe a que tienen un sistema radicular poco desarrollado (área de absorción reducida).

Kristaponyte (2015) informa de que la col prefiere suelos franco-arenosos con buena capacidad de retención de humedad, fértiles, poco profundos de 40 a 60 cm, bien drenados y con buen contenido de materia orgánica. La raíz sólo aprovecha la parte superior, por lo que la preparación profunda del suelo no es beneficiosa. Es una planta que soporta bien los suelos calcáreos y el agua ligeramente salina, aunque prefiere los suelos y el agua de calidad. Los suelos que producen encharcamiento son desfavorables.

Los valores normales de pH del suelo para este cultivo oscilan entre 6 y 7, aunque son ligeramente tolerantes a la acidez, con un rango de pH de 5,5 a 6,8 para no se produzcan carencias nutricionales ni proliferen enfermedades, y son razonablemente tolerantes a la salinidad, con un pH óptimo de 6,2 a 6,5. Crecen bien en cualquier tipo de suelo, desde arenosos a pesados debido a su ramificación radical fina (Faxsa, 2008), entre otras causas.

2.4.6 Abonado de las coles

Barber *et al.* (2012) demostraron que la col es una especie que responde satisfactoriamente a los aportes de estiércol bien descompuesto incorporado en el cultivo anterior. Los aportes de fertilizantes minerales varían en función del ciclo de las variedades a cultivar. Para cubrir las necesidades de nutrientes, expresadas en kilogramos por hectárea, se pueden considerar los siguientes rangos: 150 a 350 de nitrato, amonio cálcico, 70 a 120 de superfosfato cálcico y 200 a 300 de sulfato potásico. En cuanto a otros nutrientes, deben rectificarse las carencias o excesos de magnesio, potasio o calcio.

Caseiro y Filho (2005), informaron que la col demanda mucho nitrógeno, por lo que debe ser aplicado de acuerdo con la determinación de los análisis, siendo el más adecuado utilizar nitrógeno estabilizado, ya que reduce la concentración de nitrato en las en aproximadamente 15%.

Con el fósforo hay que tener mucho cuidado: una dosis superior a la necesaria precipitará el crecimiento de las flores. El papel del potasio es esencial para conseguir una cosecha de buena calidad, ya que proporciona tolerancia a condiciones ambientales hostiles como la sequía, las heladas o las enfermedades. La falta de potasio provoca el acortamiento de los entrenudos y da una pigmentación violeta a las venas de las hojas (Barber *et al.*, 2012). También debe vigilarse la carencia de boro.

Kristaponyte (2015) informa de que el nitrógeno es importante para el cultivo de la col, especialmente en los 2/3 primeros días de cultivo. La aplicación de nitrógeno en forma de nitrógeno estabilizado reduce la concentración de nitrato en las hojas entre un 10 % y un 20 %, por lo que los fertilizantes estabilizados son especialmente adecuados para el cultivo.

En cuanto a las carencias de microelementos, la col es especialmente susceptible a las carencias de boro y molibdeno.

Un programa de abonado recomendado por Almeida (2014) para el cultivo de la col sería:

Vendaje inferior:

- ✓ De 14 a 24 toneladas ha^{-1} de estiércol o pollo fermentado.
- ✓ 600 $kg.ha^{-1}$ de complejo NPK (15 - 15 - 15).
- ✓ 240 $kg.ha^{-1}$ de sulfato de magnesio.

Aderezo superior:

- ✓ 240 $kg.ha^{-1}$ de nitro sulfato de amonio entre 10 y 20 días después de la siembra.
- ✓ 300 $kg.ha^{-1}$ de nitrato potásico entre 30 y 40 días después de la siembra.
- ✓ 240 $kg.ha^{-1}$ de nitro sulfato de amonio cuando la vegetación cubra completamente el suelo.

Pereira *et al.* (2013) señalaron que se deben utilizar 5 $kg.m^{(-)(2)}$, mezclar bien y dejar reposar durante una semana, luego se debe agregar el fertilizante completo 30 horas antes de la siembra.

En cuanto a la fertilización orgánica, muchas hortalizas, como la lechuga, la col y la berza, no toleran el estiércol fresco, por lo que requieren un medio descompuesto o completamente descompuesto (Flebes, 2009).

2.4.7 Plagas y enfermedades que afectan a las coles

Según Triani, Passos, Teodoro, Santos y Frare (2015), las principales plagas y enfermedades que afectan al cultivo de la col son:

- ✓ Gusanos defoliadores, ruiseñores y barredores, que en su fase larvaria se comen las hojas y los tallos de las coles.
- ✓ El pulgón, que se localiza en los tallos y en el envés de las hojas, actúa succionando la savia e inyectando toxinas, lo que vuelve las hojas amarillas y débiles, provocando finalmente la muerte.
- ✓ Minador de la hoja, que afecta a las zonas próximas al nervio central de las hojas más jóvenes.
- ✓ Caracoles y babosas, que se comen las hojas y las desgarran.

Enfermedades

- ✓ Enfermedad de las algas, que provoca el marchitamiento de las plantas causado por Rhizoctonia solani y el estrangulamiento del cuello de la planta.
- ✓ Mildiu, el agente causal de esta es Peronospora parasitica, sus síntomas son la manifestación de una pelusa blanca en el envés de las hojas y en el haz, clorosis o amarilleamiento, más tarde las manchas del haz se vuelven de color oscuro.
- ✓ La cenicilla, causada por el hongo Erysiphe polygoni, presenta una cenicilla blanquecina en el haz y el envés de las hojas.
- ✓ La botritis (Botrytis cinerea) es la causa de la podredumbre de los tejidos. Los ataques pueden producirse tanto en las hojas como en el cuello de las plantas, siempre con el característico micelio gris.

2.5 Propiedades nutritivas y salud de la col

En la col (Brassica oleracea L.), el contenido en agua puede superar el 90 % del peso en fresco, por lo que su aporte calórico es muy bajo debido a su contenido en grasa, pero destaca por su contenido en proteínas (del 3 al 5 %) en comparación con otras verduras. La col rizada, como tantas otras verduras, es muy rica en fibra y minerales, así como en calcio y potasio. Entre sus vitaminas se encuentran la A, B1, B2, C, K y ácido fólico (Infoagro, 2008). También tiene propiedades anticancerígenas debido a sus glucosinolatos (Cartea *et al.*, 2008; Trani *et al.*, 2015).

Flebes (2009) describió que la composición mineral de las hojas de col muestra 19,7 mg $g^{(-1)}$ de calcio (Ca), que es el macronutriente más concentrado, seguido de potasio (K) y fósforo (P), con 13,5 mg $g^{(-1)}$ y 5,73 mg $g^{(-1)}$respectivamente. Entre los micronutrientes, los más abundantes son el hierro (Fe), con 72,6 µg g^{-1}, el manganeso (Mn) con 53,5 µg g^{-1} y el zinc (Zn) con 39,4 µg g^{-1}. Otros nutrientes con una concentración elevada en las hojas de col son el estroncio (Sr), con 252,0 μg $g^{(-1)}$) y el aluminio (Al) con 29,3 μg g^{-1}. Cabe señalar que el cuerpo humano absorbe el estroncio del mismo modo que el calcio.

La col es un producto de consumo popular que comparte características generales con otros productos agrícolas y hortícolas. Una característica común es su alto contenido en glucosinolatos (GLS), compuestos de gran importancia en el sabor y el aroma de estas hortalizas (Almeida, 2014).

En las plantas de col, las principales GLS presentes son la sinigrina, la glucoiberina y la glucobrassicina, que pueden variar en función del desarrollo de la planta, mayor presencia en los brotes. Además, tiene otras propiedades como su acción herbicida, por su efecto inhibidor de la agerminación, como antifúngico y cumple una función de defensa frente a insectos y patógenos ya que parece actuar como repelente, y atrae a ciertos insectos que tienen un efecto beneficioso, como Diaeretiella rapae (Cartea *et al.*, 2008; Kushad, 1999; Moreno *et al.*, 2006; Verkerk *et al.*, 2009; Vilar *et al.*, 2008).

Cartea *et al.* (2008) señalaron que la col se caracteriza por su alto valor nutricional y su actividad antioxidante. Sus hojas deben consumirse crudas o después de escaldarlas, ya que la cocción de las hojas altera su valor nutricional y reduce la actividad antioxidante de sus compuestos, especialmente la vitamina C, los polifenoles y el β-caroteno.

Sus hojas fueron utilizadas probablemente por los egipcios como plantas medicinales, mientras que los griegos la servían como alimento público. Durante los siglos de dominación romana del Mare Nostrum, se menciona en diversas obras como "De ré rústica de Cartón", donde aparece como medicamento para combatir enfermedades intestinales y pulmonares. El gastrónomo Apicio también la nombraría en algunas de sus recetas en "De récoquinaria", en el siglo I d.C. (Saavedra, 2013).

Por otra parte, algunas de estas plantas se utilizaban en el pasado como plantas medicinales para tratar dolores de cabeza, resfriados, gripe, gota, diarrea, cortes, heridas y úlceras pépticas. Se consideraban plantas digestivas y eliminadoras de intoxicaciones, y hoy en día se utilizan con el mismo fin. Otras variedades son muy populares como plantas ornamentales; existen ejemplares de diferentes colores (blanco, lila, etc.) que resultan muy útiles para decorar jardines urbanos, especialmente en las épocas más frías del año (Anónimo, 2015).

(Figura 2).

El conocimiento de las propiedades nutricionales de la planta de la col (Brássicaoleráceae L. var. acephala DC.) es importante para obtener información dietética. Estudios realizados por Ayaz (2006) en hojas de col mostraron que los principales azúcares solubles son fructosa (2.011 mg 100 $g^{(-1)}$), glucosa (1.059 mg 100 $g^{(-1)}$) y sacarosa (894 mg 100 $g^{(-1)}$), mientras que los ácidos orgánicos más abundantes son el cítrico (2.213 mg 100 $g^{(-1)}$) y el málico (151 mg 100 $g^{(-1)}$). Entre los ácidos grasos destacan el alfa-linoleico (54,0 %), el linoleico (11,8 %) y el palmítico (11,8).

Los aminoácidos incluyen glutamato (12,2 %) y ácido aspártico (10,2 %), y las proteínas más importantes son treonina; valina; isoleucina; leucina; triptófano; lisina; metionina + cisteína; fenilalanina + tirosina, cuya composición en las hojas de col se ajusta a la norma recomendada por la Organización Mundial de la Salud (OMS) (Souza, 2018).

Algunas variedades se utilizan como condimento, con fines industriales, para la obtención de aceite de oliva y en forrajes, para alimentación animal, debido a su riqueza en sustancias reguladoras, proteínas y alta digestibilidad, lo que las convierte en un complemento ideal para el ganado, tanto como forraje fresco o en forma de concentrados proteicos. Su consumo hace que se genere menos gas metano en el tubo digestivo de los rumiantes, lo que es de gran interés desde punto de vista medioambiental.

Además, al igual que otras verduras de hoja verde, las variedades de col un alimento adecuado para los diabéticos porque su contenido en hidrocarburos facilita la utilización de las sustancias auxiliares, que actúan de forma similar a la insulina. Sus beneficios cardiovasculares son notables: contiene "isotiocianato de sulforafano", un antiinflamatorio natural que actúa sobre el corazón, previniendo daños cardiovasculares, y ayuda a regular los procesos inflamatorios. Su consumo previene la isquemia, la arteriosclerosis y la posibilidad de sufrir un infarto (Kimoto, 2006).

Por su alto contenido en fibra y como fuente de aminoácidos, uno de sus beneficios más notables es que se considera un alimento anticancerígeno, debido a su alto contenido en glucosinolatos, sustancias que requieren enzimas para combatir los radicales libres, que en última instancia provocan la aparición de cánceres. Pero no ha sido hasta hace poco que estudios realizados en Japón y Estados han demostrado que la col es realmente eficaz en la prevención de ciertos tipos de cáncer, como el de colon y los hormonodependientes, como el de mama y ovario, ya que estimula el metabolismo de la mujer (Anónimo, 2015).

Algunas variedades de col tienen hojas lisas, mientras que otras tienen hojas rayadas o arrugadas (Cartea, Velasco, Obrégon, Padilla y De Haro, 2008). Los consumidores suelen preferir las variedades de hojas rayadas a las de . Sin embargo, la variedad de hoja lisa es más común, ya que se cultiva como forraje (Vilar *et al.*, 2008). Algunos de los nutrientes de Brassica oleracea var. acephala cv. Galega han sido cuantificados en estudios anteriores (Martin, 2006).

Las hojas se venden en manojos en unidades, kilogramos (kg) y mínimamente procesadas en porciones envasadas. Carnelossi *et al.* (2005) descubrieron en col mínimamente que el corte en rodajas aumenta dos veces la tasa de respiración de la hoja, y que el enfriamiento rápido reduce su metabolismo, pero sin aumentar el tiempo de almacenamiento. Los autores también concluyeron que la hora de recolección influye en la tasa de respiración y en la actividad de las enzimas polifenoloxidasa 3 (PPO), recomendándose la recolección a las 7 de la mañana.

2.5.1 Composición nutricional de la col

La composición de la col (Brassica oleracea L.) puede variar debido a factores extrínsecos e intrínsecos. Entre los factores intrínsecos, el más importante es el genotipo, responsable de diferenciar especies, subespecies, variedades, etc. La edad de la planta también es muy importante. Los factores extrínsecos son diversos e incluyen las condiciones de cultivo (clima, propiedades del suelo, uso de agua de riego, uso de fertilizantes, aplicación de productos fitosanitarios, etc.) y los tratamientos poscosecha (forma y momento de la cosecha, aplicación de tratamientos de conservación, etc.) (Almeida, 2014). Elementos presentes en las hojas de col (Tabla 3).

Tabla 3. Composición nutricional de la col (Bràssica olerácea L.).

NUTRIENTES	UNA	CANTIDADES
Energía	Kcal	27 - 31
Agua	%	91 - 92,4
Carbohidratos	%	9,9
Proteína	%	1,4 - 2,0
Grasa	%	0,10
Fibras	G	2,1 - 3,1
Hierro	mg	35 - 47
Sodio	mg	18 - 28
	mg	23 - 42
Magnesio	mg	15 - 28
Potasio	mg	230 - 246
Ácido ascórbico	mg	31 - 57
Vitamina A	IU	126 - 1116
Vitamina B_6	mg	0,19
Vitamina C	mg	35

Fuente: Gaudioso (2021).

- ✓ Aminoácidos: intervienen en la producción de anticuerpos.

- ✓ Arginina: esencial para la eliminación del amoníaco, la reparación de los tejidos y la construcción muscular.
- ✓ Ácido ascórbico: esencial para prevenir enfermedades como el escorbuto.
- ✓ Cistina: ayuda a la función hormonal.
- ✓ Ácido glutámico: mejora las condiciones mentales.
- ✓ Niacina: ayuda con la hipertensión y reduce el colesterol.

2.5.2 Sistema de cultivo

Según el Servicio de Apoyo a las Micro y Pequeñas Empresas de Bahía (Sebrae, 2018), los principales factores que influyen en las actividades hortícolas son: el clima, la estacionalidad de la producción, los productos no uniformes, los altos costos de producción de algunos productos, el riesgo de pérdidas por plagas y enfermedades y las variaciones en los precios de los productos. El sector tiene características propias y depende de factores que muchas veces no pueden ser controlados por el horticultor.

El mismo autor explicó que el repollo puede cultivarse mediante diversos sistemas, cuya elección debe depender de la necesidad y disponibilidad de insumos, del tamaño de la superficie y de la mano de obra disponible en cada predio. Entre los sistemas de cultivo más utilizados se encuentran el convencional (campo), el ecológico, el hidropónico, el de losas5, el Mu Ching y otros. A continuación se presentan las principales formas de cultivo.

III. MATERIALES Y MÉTODOS

3.1 Localización y etapas del experimento

El experimento se realizó en la Cooperativa R. L Cantinho do Chicote (N.J.F), en la comuna de Mukolongodjo, municipio de Cuvelai, debido a las buenas condiciones de la zona elegida. Este municipio está situado aproximadamente a 34 kilómetros de la provincia de Cunene. Tiene una longitud de 19 270 km^2, limita al norte con los municipios de Ombreira y Cuvang, al este con los municipios de Cuchi y Menongue, al sur con el municipio de Cuanhama y al oeste con los municipios de Omnadja y Matala. La fase experimental duró de febrero a junio de 2023.

La provincia está situada en el extremo sur de Angola, entre las latitudes 15° 10' 00" al norte, 17° 24' 00" al sur y las longitudes 13° 02' 00" al oeste y 17° 23' 00" al este, con precipitaciones irregulares que no superan los 750 mm anuales (Ministério de Administração do Território, 2019).

3.2 Diseño experimental

El experimento se llevó a cabo en condiciones de campo abierto utilizando un diseño de bloques al azar, con dos tratamientos cada uno con tres repeticiones (Tabla 4), para un total de 6 parcelas experimentales en campo abierto. La superficie total era de aproximadamente 88,0 m^2 (0,008 ha), que se midió utilizando una cinta métrica industrial y estacas de madera como guía. Cada lecho tenía 1,13 m de ancho y 5,65 m de largo, con 0,45 m entre los lechos.

Tabla. 4 Tratamientos utilizados en la investigación.

Tratamientos	
T1	Berza (Brassica Olerácea L. *var. troncuda o portuguesa*)
T2	Col (Brassica Olerácea L. *var. mantequilla* I -1811 *(B)*)

Como muestra se seleccionaron al azar 12 plantas por tratamiento, para lo cual se eligieron las plantas de las hileras centrales, dejando como efecto de borde las hileras exteriores y una planta en cada extremo de cada hilera, tal como lo recomiendan Morales y Peralta (2009).

3.3 Cultivar utilizado en la investigación

Para el experimento se utilizaron coles de hoja (*Brassica oleracea*): variedad Manteiga I-1811 (B) y variedad tronchuda o português, dado su potencial productivo, su adaptabilidad a las condiciones edafoclimáticas de la zona y la demanda de la población. La semilla se compró a Shorprite, en Namibia, en un tarro recubierto de aluminio. No se utilizó ningún tratamiento pregerminativo para la siembra.

3.4 Abonos orgánicos utilizados

Se utilizó estiércol bovino en una dosis de 30 $t.ha^{-1}$ en el momento del trasplante en cada tratamiento, compostado en el propio establo de la cooperativa. Una vez recogido el estiércol, se colocó a la sombra y se humedeció para favorecer su descomposición. En el momento de su recogida, debía ser lo más homogéneo posible, tener un aroma agradable y ser de color negro.

3.5 Características fisicoquímicas del suelo

Para conocer los parámetros de fertilidad del suelo en la zona de estudio, se tomó como referencia los análisis realizados por Ricardo (2018) y citados por Victoria (2023), para una zona de tipo de suelo arenoso donde se realizó esta investigación (ver tabla 5 a y b). Este fue un aspecto importante en la determinación de las dosis utilizadas en este estudio.

Tabla 5. a. Atributos químicos del suelo.

K^+ (mg/kg)	Ca^{2+} (mg/kg)	$Mg^{(2+}$ (mg/kg)	Y así. (mg/kg)	pH (H_2O)
20	195	19	3	7,3

Tabla 5. b. Atributos químicos del suelo (Continuación).

Materia orgánica (%)	En^+ (mg/kg)	Fe (mg/kg)	Nitrógeno total (%)
0,2	12	13	0,03

3.6 Preparación del terreno

El terreno se preparó a la manera tradicional utilizando un pico y una azada para facilitar la eliminación de las malas hierbas. Para ello se contrató a una señora que vivía cerca de la zona de estudio.

El primer abono orgánico se aplicó un mes antes de la siembra y a los 10 y 35 días después del trasplante, con estiércol bovino a una dosis 5 kg/m$^{(2)}$, y también se aplicó estiércol caprino a las mismas dosis.

3.7 Preparación de la guardería

Una vez desbrozado el terreno, se preparó el vivero cerca de la zona experimental donde se hicieron las camas y, con un nivel medio de humedad, se depositaron las semillas en un agujero hecho con el dedo y, una vez germinadas, 25 días después se trasplantaron las plántulas.

Las plántulas se trasplantaron cuando tenían una altura media de ± 8 a 9 cm. Para facilitar esta operación, se humedeció previamente el vivero y se eliminaron las plantas mal formadas, después se retiraron cuidadosamente las plántulas y se trasplantaron a una distancia de 0,50 metros entre plantas y de 0,60 metros entre hileras, como se indica en (Nieuwhof y Pantano, 1969).

3.8 Cuidados durante la investigación

El riego se realizó teniendo en cuenta distintos momentos del ciclo vegetativo y, en función de las intensidades y normas técnicas del cultivo al sol, debía regarse cada dos días.

La plantación se mantuvo limpia a mano durante todo el ciclo. El control de plagas se llevó a cabo durante todas las fases del cultivo. Se utilizó una barrera de maíz (*Zea mays* L); también se aplicaron riegos foliares con una solución líquida elaborada a partir de plantas repelentes como el Neem (*Azadiracta indica*) a razón de 1L/mochila a los 40 días de la siembra.

3.8.1 Retransplante

El retrasplante se realizó entre 5 y 6 días después del trasplante, es decir, colocando las plántulas en el lugar de las que no habían enraizado.

3.8.2 Deshierbo

Para mantener la zona limpia y evitar la infestación de malas hierbas, se escardó varias veces durante el ciclo del cultivo por la mañana antes de regar.

3.8.3 Recolección

La cosecha tuvo lugar cuando las plantas alcanzaron la madurez comercial, es decir, 85 días después de la siembra de las primeras plántulas.

3.9 Variables evaluadas

Las plantas seleccionadas se midieron a los 30, 50 y 70 días después del trasplante, tomando un total de 10 plantas de cada tratamiento.

A. Variables de crecimiento:

- Altura de la planta (cm): medida con una regla métrica, desde la base del pseudotallo hasta la punta de la última hoja.
- Número de hojas (U): se realizó mediante recuento visual para cada tratamiento.
- Diámetro del pseudotallo (cm): medido con un martinete.
- Anchura y longitud de la hoja (cm): medidas con una regla métrica.

B. Variables de rendimiento y sus componentes:

- Masa foliar fresca (g): se pesaron las hojas de cada cosecha utilizando una balanza analítica, tomando 2 hojas por planta de 10 plantas por tratamiento.

3.10 Análisis estadísticos de los resultados

A partir de los datos obtenidos, se realizó un análisis simple de la varianza en busca de diferencias significativas entre las medias de los tratamientos, utilizando como criterio el paquete estadístico Infostad 2012.Versión 1.1.

3.11 Valoración económica

La valoración técnico-económica se analizó a partir de la producción obtenida en $t.ha^{-1}$, teniendo en cuenta los indicadores:

- Coste de producción: se tomaron los costes de todas las actividades de producción vegetal, determinando gastos, riego, semillas, materia orgánica, preparación del suelo, entre otros.
- Valor de la producción: si , tengo en cuenta la producción de coles y su valor en el mercado local.

Precio de venta = 1 paquete de hojas de col cuesta entre 100 y 200 Akz en el mercado local.

- Ganancia (Akz): determinada por la siguiente expresión (Carrasco, 1992).

Beneficio = Valor de la producción - Coste de producción

IV. RESULTADOS Y DEBATE

4.1- Comportamiento de las variables de crecimiento de las plantas

4.1.1 Altura de la planta .

De los resultados obtenidos en los experimentos se desprende que hubo una diferencia estadística entre los distintos tratamientos utilizados para cultivar la col de hoja y las variables de altura de la planta (figura 1). Esto indica que los mejores resultados se obtuvieron en el tratamiento T1 (Repollo (Brassica Olerácea L. *var. troncuda o português*)).

Figura 1. Variables de altura de la planta.

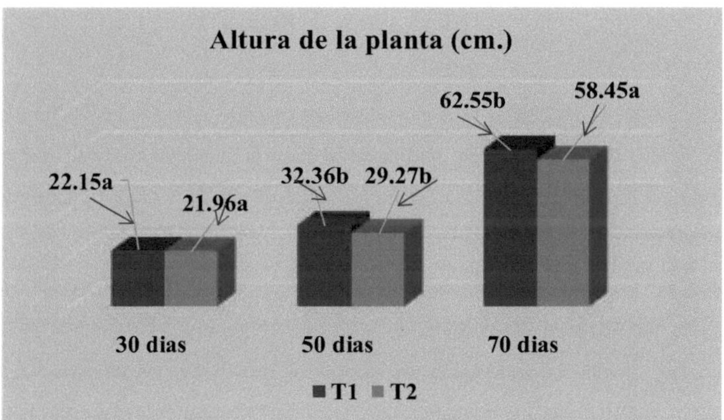

Letras iguales en la misma columna no difieren estadísticamente según la prueba de Duncan para p≤0,05.

A los 30 días de edad, no hubo diferencias significativas entre los tratamientos, donde las plantas alcanzaron 22,15 y 21,96 cm de altura. A los 50 días, la altura de la planta fue mayor en el tratamiento T1 (32,36 cm), y a los 70 días alcanzó 62,55 cm.

También cabe señalar que a partir del quinto día después del trasplante se produjo un cambio en el color de las hojas, lo que demuestra que la planta absorbió el nutriente rápidamente. A este respecto, Silva (1985) y Lyons *et al.* (1994) observaron diferencias significativas cuando se aplicaron altos niveles de nitrato a plantas producidas con estiércol y fertilizantes minerales. Esto parece deberse, en parte, a que el nitrógeno se pone a disposición de las plantas de forma más gradual (Rodrigues, 1990 y Kiehl, 1993).

Los resultados fueron comparados con los encontrados por Steiner *et al.* (2009), quienes evaluaron la producción de repollo mantecoso con compost orgánico, y se observó que los valores en altura fueron superiores a los resultados encontrados por el autor, lo que sugiere que el estiércol bovino aplicado individualmente proporciona un buen desarrollo en altura de la planta para la producción orgánica.

Además, es importante aclarar que en ambos casos se utiliza estiércol bovino orgánico, como expliqué anteriormente, y las sustancias húmicas suelen aplicarse al suelo y afectan positivamente a su estructura y población microbiana, además de aumentar la solubilidad de los nutrientes en el suelo. De este modo, promueven un mayor crecimiento de las plantas, debido a la presencia de sustancias con funciones similares a las de los reguladores del crecimiento vegetal, y reducen el efecto del estrés hídrico en las plantas (Sediyama *et al.* 2000).

Según Silva Filho *et al* (2002), las principales funciones de estas sustancias húmicas son aumentar la CIC del suelo, agregar partículas, reducir la densidad aparente, aumentar la capacidad de retención de humedad del suelo, la complejación y quelación, la minería y la estructura biológica del suelo.

En el pasado, los agricultores favorecían las plantas de repollo mantecoso más altas debido a la facilidad de recolección de las hojas (Nieuwhof y Pantano, 1969). Sin embargo, hoy en día, la preferencia por genotipos más pequeños es cada vez mayor (Azevedo *et al.* 2012), lo que demuestra que los valores encontrados en esta producción con enmiendas orgánicas pueden ser satisfactorios para el productor.

4.1.2 Número de hojas

Con respecto a los resultados del número de hojas totales (NFT) que se muestran en la figura 2, se encontró una diferencia significativa entre los tratamientos. Cabe destacar que a los 30, 50 y 70 d.a.s., los mejores resultados fueron obtenidos por el tratamiento (T1 Repollo (Brassica Oleracea L. *var. troncuda o Portugués*) en todos los casos. Los resultados se deben a las mejores características físicas de densidad aparente y granulométrica presentadas por las enmiendas, que proporcionan una mayor formación de hojas en la planta.

Figura 2. Número de hojas.

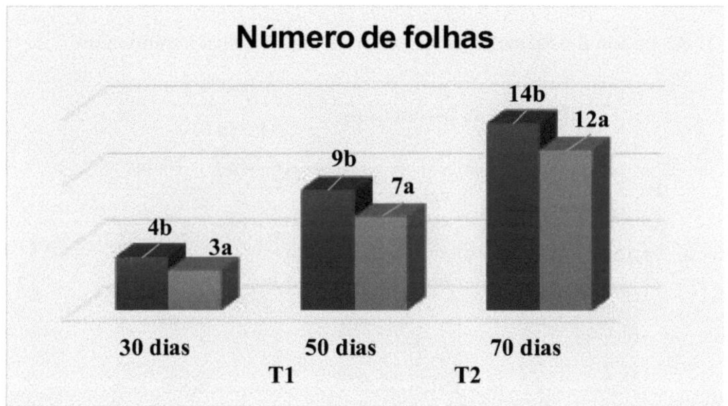

Letras iguales en la misma columna no difieren estadísticamente según la prueba de Duncan para $p \leq 0,05$.

El número total de hojas representa el vigor de la planta, es decir, es la máxima expresión del potencial genético sumado a las condiciones ambientales de cultivo, y en este caso es deseable que a mayor número total de hojas, mayor número de hojas comerciales. En este estudio, el mejor vigor se obtuvo en el tratamiento T1, que presentó las mejores características nutricionales, corroborando a Milner (2006) que describe que el crecimiento de las plantas está muy influenciado por las características físicas y químicas de los fertilizantes.

Los resultados son comparables a los de Taiz *et al.* (2017), que describieron la senescencia foliar como un proceso regulado genéticamente que no puede ser completamente anulado o aumentado por ninguna mutación, tratamiento o condición ambiental, en el que factores como la edad de desarrollo o la edad cronológica pueden ser determinantes de la senescencia foliar.

Zeiger *et al.* (2017) en estudios realizados con diez genotipos de col, demostraron que el déficit hídrico influyó negativamente en su biomasa, producción y calidad nutricional, con una reducción de la biomasa de entre el 19% y el dependiendo del genotipo, y pérdida de nutrientes en las plantas de col, incluyendo K, P, Fe, Mn y Cu.

4.1.3 Diámetro del pseudotallo (mm)

Hubo una diferencia significativa (p<0,01) para los tratamientos, el tiempo y la interacción entre ellos para el diámetro del pseudotallo (figura 3).

Figura 3: Respuesta del diámetro del pseudotallo a diferentes tratamientos.

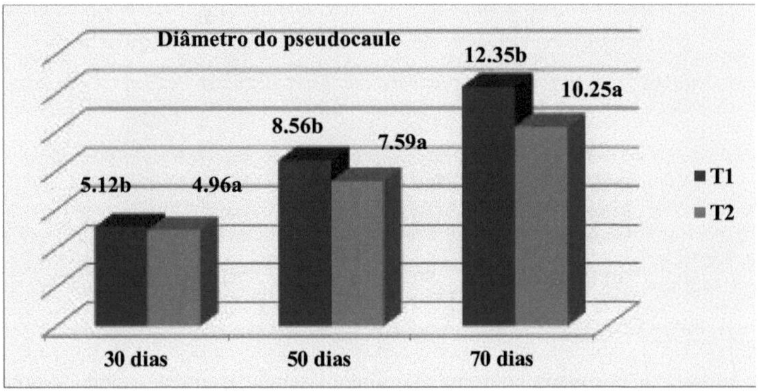

Letras iguales en la misma columna no difieren estadísticamente según la prueba de Duncan para p≤0,05.

El crecimiento medio del diámetro del pseudotallo de las plantas de col fue lineal a lo largo del período de cultivo (30 a 70 días) para todos los tratamientos evaluados. El mayor diámetro del pseudotallo fue de 12,35 mm a los 70 dds en el tratamiento T1 (Col (Brássica Olerácea L. *var. troncuda o português*). El menor diámetro de planta a los 70 dds se obtuvo en el tratamiento T2 Couve (Brássica Olerácea L. *var. manteiga* I -1811 *(B)*) 10,25 mm.

En relación con esto, Taiz y Zeiger (2013) señalaron que el crecimiento del tallo, aunque menos estudiado que la expansión de las hojas, también se ve afectado por las mismas condiciones que limitan el crecimiento de las hojas durante los periodos de baja disponibilidad de agua.

Novo *et al.* (2010) obtuvieron un crecimiento lineal en el diámetro del tallo de las plantas de col hasta los 80 días para los cultivares Verde-Escura, Orelha de Elefante y Vale das Garças, pero después de este periodo se produjo una reducción del diámetro. Esta reducción no se observó en este estudio.

Conocer el diámetro del tallo es importante para definir el momento ideal para apoyar la planta y, en consecuencia, reducir las pérdidas de plantas por vuelco con el viento (Novo *et al.* 2010). Sin embargo, Trani *et al.* (2015) señalaron que, además de las condiciones climáticas, las diferencias fisiológicas en la col pueden estar relacionadas con las características botánicas de la planta y sus respuestas a los tratamientos culturales (fertilización y riego).

4.1.4 Anchura y longitud de la hoja .

De acuerdo con los resultados obtenidos para la anchura de las hojas, el análisis estadístico reveló una diferencia significativa entre los tratamientos, siendo el mejor resultado el obtenido en el tratamiento T1 (Col (Brassica Olerácea L. *var. troncuda o português*)), con hojas de 18,9 cm (figura 4). El resultado más bajo se obtuvo en el tratamiento T2 Repollo (Brassica Olerácea L. *var. manteiga* I -1811 *(B)*), con resultados de 16,9 cm. Lo mismo ocurrió con el comportamiento de la variable longitud de hoja, donde el tratamiento T1 tuvo un resultado significativamente mayor según los datos estadísticos con valores de 28,3 cm y el tratamiento T2 con valores de 22,0 cm en longitud de hoja respectivamente, como se muestra en la figura 4.

Figura 4 Anchura y longitud de la hoja

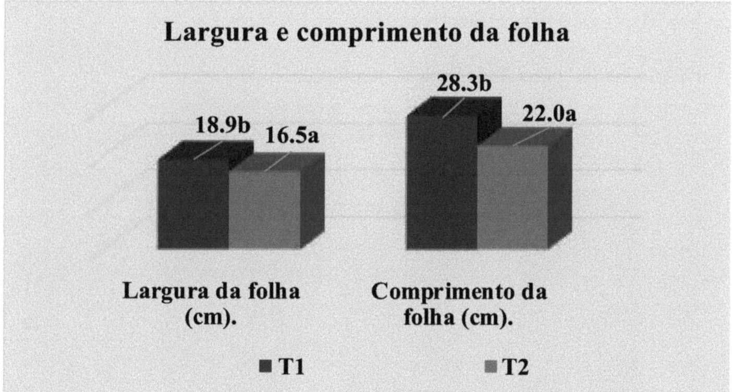

Letras iguales en la misma columna no difieren estadísticamente según la prueba de Duncan para $p \leq 0{,}05$.

Esta información es similar a la descrita por Taiz *et al.* (2017), quienes informaron de que durante la senescencia de las hojas los nutrientes se removilizan a través del floema desde las hojas de origen hasta los drenajes de crecimiento vegetativo o reproductivo, y que los nutrientes procedentes de la descomposición del carbono y la conversión de clorofila, proteínas y otras macromoléculas pueden translocarse a otras partes de la planta, como órganos en crecimiento vegetativo, semillas o frutos en desarrollo.

Es importante señalar que, según Castro *et al.* (2005), las hojas viejas sirven como fuente de agua para las hojas nuevas, ya que tienen una elevada presión de remojo y una alta absorción de agua debido a sus células poco vacuolizadas. Por lo tanto, las hojas senescentes de las plantas de col promovieron la removilización de nutrientes y agua para las nuevas hojas en desarrollo.

Los resultados positivos obtenidos en los tratamientos con estiércol bovino y abono químico están en consonancia con Kampf y Fermino (2000), que publicaron que la densidad es una característica importante en la composición del sustrato, ya que interfiere en la porosidad y la disponibilidad de agua del sustrato, limitando el crecimiento de las plantas.

4.2 Respuesta del peso de la hoja de las plantas.

La Figura 5 muestra la respuesta de la planta al peso medio de la hoja por tratamiento después del trasplante, donde los resultados más altos se alcanzaron en el tratamiento T1 (col *portuguesa* (Bråssica Olerácea L. *var. troncuda*) con un peso de 420,7 g; 422,9 g; y 423,8 g a los 30, 50 y 70 días respectivamente

Figura 5: Respuesta del peso de la hoja de la planta

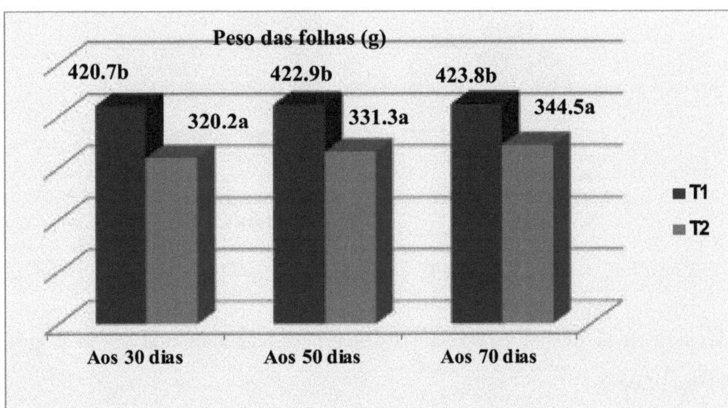

Letras iguales en la misma columna no difieren según la prueba de comparación múltiple de medias. Significativo al 5% de probabilidad (p<0,01).

El peso medio de las hojas es un componente del rendimiento y es un indicador de gran importancia para la calidad de la hoja de col. Están bien relacionados entre sí, ya que confieren a las hojas una buena presencia (Huerres y Caraballo, 1996). El peso de las hojas también determina el rendimiento de este cultivo, independientemente de las condiciones evaluadas.

El resultado también se refleja en el suelo sin tratamiento con abonos orgánicos, que tenía un contenido relativamente bajo de sustancias húmicas, así como en la formación de macroagregados estables en el agua del suelo, entre los que se encuentran poros que garantizan la aireación y el drenaje.

Los resultados aquí presentados muestran que la materia orgánica mejora la fertilidad del suelo, regula los procesos químicos, biológicos y físicos que tienen lugar en el suelo y afecta a los componentes del rendimiento. En términos de procesos químicos, la materia orgánica ayuda a suministrar elementos esenciales a las plantas, lo que puede conducir a una mejor anchura y longitud de las hojas (Sousa y Resende, 2010).

Trabajos realizados por diversos autores han conseguido aumentar el peso medio de hojas por parcela en hortalizas de hoja mediante la aplicación de materia orgánica. Esto coincide con lo que dice Ernesto (2018) cuando afirma que los abonos orgánicos son sistemas seguros, económicos y eficaces para obtener resultados a corto plazo.

4.3 Valoración económica de la investigación

La evaluación económica utiliza métodos cuantitativos para estimar los costes y beneficios de las actividades de investigación agrícola (véase el cuadro 6). Puede hacerse en términos de precios de mercado, costes y beneficios reales que reciben los productores (Falcony, 1994 citado por Dongua 2020).

Para analizar la eficacia económica de la siembra de dos variedades de col en las condiciones climáticas de Mukolongodjo, se calcularon todos los costes incurridos en cada una de las siguientes actividades culturales: transporte, riego, preparación del suelo, siembra, cuidados culturales, cosecha y otros. Para analizar los indicadores, se utilizó el precio actual del producto agrícola (col) en shorprite y el coste real de la investigación.

Tabla 6. Valoración económica.

Tratamientos	Rendimiento (t.ha-1)	Precio de venta (AKz)	Valor de la producción (Akz)	Costes de producción (Akz)	Gane (Akz)	Coste de producción (Akz)
T1	3,70	500 000.00	1 850 000.00	61 240.00	1 788 760.00	0.03
T2	2.45	500 000.00	1 225 000.00	59 124.00	1 165 876.00	0.05

El tratamiento T1 (Repollo (Brassica Olerácea L. *var. troncuda o portuguesa*)) obtuvo la mejor ganancia con 1.788.760,00 Akz y un coste de producción (0,03 AKz*)*. Por otra parte, aunque el tratamiento T2 (Repollo (Brassica Olerácea L. *var. manteiga* I -1811 *(B))* tuvo un coste de producción inferior (59.124,00 AKz), obtuvo una ganancia de 1.165.*876*,00 Akz y un coste de producción superior (0,05 AKz*)*.00 AKz), se obtuvo una ganancia de 1,165,876.00 Akz por un mayor costo de producción (0.05) que el Tratamiento T1 (Repollo (Brassica Olerácea L. *var. troncuda o portuguesa*)), desde el punto de vista económico es viable sembrar con ambas variedades bajo las condiciones de suelo y clima en Mukolongodjo.

V. CONCLUSIONES

- ✓ Los mejores resultados para las variables altura de la planta, número de hojas, anchura y longitud de la hoja, diámetro del pseudotallo y peso de la hoja se obtuvieron con el tratamiento T1 (Repollo (Brassica Olerácea L. *var. troncuda o português*)) para las condiciones edafoclimáticas de Mukolongodjo.
- ✓ Los resultados económicos fueron positivos en ambos tratamientos

VI. RECOMENDACIONES

- ✓ Aumento de la superficie de cultivo de la col (Brássica Olerácea L. *var. troncuda o português*) de acuerdo con las condiciones edafoclimáticas de la cooperativa R. L Cantinho do Chicote para aumentar su economía.
- ✓ Evaluar este cultivo en otras condiciones edafoclimáticas de la provincia para conseguir mayores resultados productivos y aumentar la demanda entre la población

VII. REFERENCIAS BIBLIOGRÁFICAS

1. Adib, A. R. y Miranda, C. L. (2007). *Aspectos de la agricultura familiar en Brasil: una revisión de la literatura*. En: BARRIL, G. A.; CHAVEZ, F. A. (Ed.). La Agricultura Familiar en los Países del Cono Sur. Assuncion: IICA, 2007. p. 35-81.
2. Agronegocios (2014). *Red de cooperación para el sector de tecnologías y servicios agroindustriales*. Investigación e inteligencia de mercado-Angola.
3. Aguilera M, Bruna G, Brzovic F, Cerda R, Clark M, Chandía A, Domínguez J I, Espinoza A, Faúndez M, García P, Jara C, De Kartzow A, Kern W, Lerdón J, Marchant R, Mora M, Olavarría J, Paillacar R, Quijada A, Troncoso J L y Vargas G. (2003). *Fundamentos de gestión para productores agropecuarios: tópicos y estudios de casos consensuados por universidades chilenas*. Programa. Santiago de Chile.
4. Almeida. D. (2ª ed.). (2014). *Manual de cultivos hortícolas*. Lisboa. Portugal: Editorial Presença.
5. Altieri, M. y Nicholls, C. (2013). *Agro ecología: Única esperanza para la soberanía alimentaria y la resiliencia socio ecológica*, 7(2), 65-83.
6. Amisse, J. (1997). *A importância da Extensão* Rural, En: A Extensão Agrária em Moçambique (1987 - 1997). *Maputo: Dirección Nacional de Extensión* Rural.
7. ANGOP (2019). *Agencia de noticias Angola Press*. La producción de cereales alcanza los 2,9 millones de toneladas.
8. Anónimo (2015). *Propiedades nutricionales y terapéuticas de la col (Brassica oleracea L.)*. i e h www.ceasacampinas.com.br. Fecha de consulta: 8 de febrero de 2021.
9. Apollin, F. y Eberhart, C. (1999). *Análisis y diagnóstico de los sistemas de producción en las zonas rurales*. Guía metodológica. Ecuador: Quito, 237.
10. Astier, M., Masera, O. y Galván, Y. (2008). *Evaluación de la sostenibilidad. Un enfoque dinámico y multidimensional*. Obtenido de http://docplayer. es/14885206-Evaluacion-de-sustentabilidad-un-enfoque-dinamico-y-multidimensional.html.
11. Ayaz, N. D. (2006) *Detection of species in meat and products using enzime-linked inmunosorbent assay*. Journal of muscle foods. Vol 7 (2): p.214-220.

12. Barber, K. L., Maddux, L. D., Kissel, D. E., Pierezynski, G. M & Bock, B. R. (2012). *Respuestas del maíz a la fertilización amoniacal y nitrogenada*. Soil Sci. Soc. Am. J, 56 (1): pp 166-171.

13. Bellón, M. (2002). *Métodos de investigación participativa para evaluar tecnología*: manual para científicos que trabajan con agricultores (p.106). México, D.F.

14. Bentley, Jeffery W. & G. Rodríguez (2001). *Entomología popular hondureña*". Current Anthropology, 42(2), 285-301. Obtenido el 20 de mayo de 2021, del sitio Web: http://www.jefferybentley.com/Honduran%20Folk%20Entomology.htm.

15. Bettiol, W., Ghini, R., Montes, J., Haddad, A. y Siloto, R. C. (2004). *Sistemas de cultivo de tomate ecológico y convencional*. Sci. agric. 61(3): pp 253 - pp 259.

16. Bevilacqua, C. R. Helen Elisa (2002). *Clasificación de las hortalizas*. Bianco, M. S. (2015). Viabilidad agroeconómica del cultivo intercalado de col con espinaca 'Nueva Zelanda'. Tesis (Doctorado en Agronomía) - Facultad de Ciencias Agrarias y Veterinarias, Universidad Estatal Paulista, Jaboticabal.

17. Bruner, E. M. (2014). *The agingbAntrhopogist*. Antropología y Humanismo. 39 (1): 27-31. ISSN 1559-9167, sólo ISSN 1548-1409.

18. Buainain, A. *et al.* (2003). *La agricultura familiar y el nuevo mundo rural*. Sociologias, Porto Alegre, n.10, 2003.

19. Carnelossi, A. C. *et al.* (2005), *Respuesta fisiológica de las hojas de col mínimamente procesadas*. Hortic. Bras. 23 (2).

20. Cartea, M. E.; Velasco, P.; Obrégon, S.; Padilla, G.; De Haro, A. (2008). *Variación estacional en el contenido de glucosinolatos en cultivos de Brassica oleracea cultivados en el noroeste de España. Phytochemistry*, New York, v. 69, n. 2, p. 403-416, 2008.

21. Carvalho, I.; Ferreira, P.V.; Silva, J. A. B.; Teixeira, J. S.; Oliveira, F. S.; Carvalho, A. P. & Santos, P.R. (2016). *Análisis productivo de genotipos de maíz verde intercalados con frijol*. Horticultura Brasileira 34: 593-599. DOI - http://dx.doi.org/10.1590/S0102-053620160422.

22. Caseiro, R. F. y Filho, M. (2005). *Evaluation of methods for drying primed onion seeds.Hortic*. Bras. 23 (4): pp 887 - pp 892.

23. Cassinda, M. (2016). *Respuesta productiva del cultivo de pimiento (Capsicum annum L.) con diferentes patrones de plantación en Ondjiva*. (Tesis en opción al

grado de Ingeniero). Universidad de Cuito Cuanavale. Instituto Politécnico Superior de Cunene. Angola.

24. Castilo, B. (2016). *Angola: la producción de cereales registra un déficit de 900.000 toneladas*. 05 mayo 2023. Recuperado de: http//www.angop.ao el 15-03-2023.
25. Castro, I., Díaz, L., Pérez Y., Rodríguez, M., Gómez, L. (2010). *Los abonos orgánicos: una alternativa viable para mitigar o reducir la presencia de fitoparásitos formadores de plagas*. Universidad Agraria de la Habana "Fructuoso Rodríguez Pérez y Centro de Sanidad Agropecuaria. La Habana. Cuba.
26. CERF: Fondo Central de Respuesta a Emergencias (2012). *Informe del Coordinador Residente/Humanitario sobre el uso de los fondos del CERF en Angola*. Clínica Meihua (2014). Especializada en medicina china. Situada en: http://medicina-tradiconal-chinesa.com/2014/21/nutrición/hortalizas/.
27. Dias, M. A. *et al.* (2010). *Vigor de la semilla de maíz asociado a la matocompetencia*. Revista Brasileira de Sementes, 32 (2), pp. 93-101.
28. Dufumier, M. (1990). *Importancia de tipología de unidades de producción* agrícola en el análisis de diagnostico de realidades agrarias. En J. Berdegué, M. Dufumier y G. Escobar. Tipificación de Sistemas de Producción Agrícola. (pp. 63-81). Chile: Santiago de Chile. Consultado en: https://doi.org/ISBN. 956.7110-01-07.
29. FAO (2011). *Sistemas de semillas de uso sostenible para la conservación*. IN: Segundo informe sobre el estado de los recursos fitogenéticos para la alimentación y la agricultura en el mundo. Conferencia técnica internacional sobre los recursos fitogenéticos, Roma, 2011. Disponible en: <http://www.fao.org/agriculture/crops/core-themes/theme/seeds- pgr/gpa/gpa-update/en>. Consultado el 20 de mayo de 2023
30. FAO (2012). *Perspectivas de cosechas y situación alimentaria*.N. 2 de febrero de 2021. Disponible en: www.fao.org/docrep/015/a/1990s/a1990s00.pdf.
31. Faxsa, N. (2008). *Centro de Información General*. Disponible en: http://www.faxsa.com.mx. Fecha de consulta: 18 de enero de 2021.
32. Febles, J. (2009). *Estrategia agroecológica para la conservación del suelo*. Ponencia presentada en el Curso de Maestría en Nutrición Vegetal y Biofertilizantes. La Habana. Cuba.

33. Filgueira, F. A. R. (1981). *Manual de Olericultura*. Vol. I. 2ª ed. São Paulo: Agronômica Ceres. 338p.

34. Freitas, C. A. y Bacha, C. J. C. (2004). *Contribución del capital humano al crecimiento de la agricultura brasileña*: período de 1970 a 1996. Revista Brasileira de Economía, 58 (4).

35. Gaudioso N, G. N (2021). *Caracterización de los sistemas de producción de col (Brassica oleracea L.) en Mukolondjo*. Trabajo fin de carrera para la obtención del título de Ingeniero. Opción: Agricultura. Departamento de Recursos Humanos. Universidad Mandume ya Ndemufayo Instituto Politécnico de Ondjiva

36. García, E. (2004). *Dinámica e interrelaciones entre las propiedades de un suelo pardo en dos agroecosistemas*. Tesis en opción al título académico de Master en Ciencias Agropecuarias. Guantánamo, Cuba. pp 32.

37. García, N.Q. (2011). *El problema de la tierra*. Estado y distribución de derechos sobre la tierra: el caso de WakuKungo. Contexto. Revista de Estudios Científicos del Desarrollo (Luanda), nº 2, pp 01-11.

38. García, N.Q. (2012). *Estado democrático de derechos*: de Habermas al "dilema africano". Mulemba- Revista Angoleña de Ciencias Sociales (Luanda), vol. 11, No3.

39. García, N.Q. (2015). *Agricultura familiar en Angola*: las trampas conceptuales de la clasificación dicotómica. Mulemba, 5 (10).

40. Diputación Provincial de Cunene (2018). *Guía del investigado.*

41. Hernández, A. (2009). *Preservar el suelo, una misión imponente*. Consultado en: http://www.tribuna.co.cu/Etiquetas/2009/abril/21/preservar-suelo.html. Consultado el 16 de mayo de 2023.

42. Hernández, M.A. y López, B.M.P (2009). *Desarrollo humano y género en México 2000-2005: avances y retos*. En: Indicadores de desarrollo humano y género enMéxico 20002005. Programa de las Naciones Unidas para el Desarrollo, México, pp.1-26.

43. Hidalgo, F., Houtart, F. y Lizárraga, P. (eds.) (2014). *La agricultura campesina en América Latina: propuestas y desafíos*. Quito, Ecuador, Editorial IAEN.

44. INE (Instituto Nacional de Estadística) (2015). *Angola 40 años de estadísticas 1975-2015.*

45. Infoagro (2008). *Cultivo de hortalizas*. Disponible en: http://wwwinfoagro.com/hortaliza/col.htm. Fecha de consulta: 30 de abril de 2023.
46. InfoStat (2002). *InfoStat, versión 1.1.* Manual de Usuario. Grupo InfoStat, FCA, Universidad Nacional de Córdoba. Primera Edición, Editorial Brujas Argentina.
47. Instituto Brasileño de Geografía y Estadística - IBGE (2006). *Censo agropecuario 2006*. Disponible en: <http://www.ibge.gov.br/cidadesat/topwindow.htm>. Consultado el: 20 de mayo de 2023.
48. Kamangira, J.B. (1997). *Assessment of soil fertility status for agroforestry interventions using conventional and participatory methods.* Master's thesis for the degree of Master in Agricultural Sciences, Bunda College of Agriculture, University of Malawi.
49. Kimoto, T. (2006). *Nutrición y fertilización de la col, la coliflor y el brécol.* Disponible en: Nutrición y fertilización de las hortalizas. Fecha de consulta: 30 de mayo de 2023.
50. Kristaponyte, Irena (2015), *Efecto de los sistemas de fertilización sobre el balance de nutrientes de las plantas y las propiedades agroquímicas del suelo*. Disponible en: <http://www. researchgate.net/2377/. Consultado el 20 de mayo de 2023
51. Lambert, G. Tania (2010). *Identificación, manejo y conservación de suelos en la comunidad "La ", utilizando métodos participativos* (Tesis defendida para optar por el título de Máster en Gestión Ambiental). Universidad de Granma. Cuba.
52. Lamers, J. & Feil, P. (1995). *Farmers' knowledge and management of spatial soiland crop growth variability in Niger, West Africa*. Netherlands Journal of Agricultural Science, 43, 375-389.
53. Lazzarotto, J. J. (2002). *Las asociaciones rurales y su viabilidad*: un estudio de caso comparativo de dos asociaciones de productores rurales del municipio de Pato Branco (PR). En: Encontro da associação nacional dos programas de pós-graduação em administração - ENANPAD, 31. Salvador. Salvador. Actas... Salvador: ENANPAD, 2002.
54. Leyva, A. y Pohlan, J. (2005). *Agroecología en los trópicos: ejemplos de Cuba.* Biodiversidad vegetal, cómo conservarla y multiplicarla. Aquisgrán: Ediciones shakerverlang, 198.

55. López, G. (2010). *Estudio bioagronómico de 20 cultivares de col (Brassicaoleracea L., Var. Capitata).* Tesis en opción al título de Ingeniero Agrónomo. Guantánamo, Cuba.
56. Lores, A. (2008). *La sostenibilidad de los agroecosistemas de la comunidad "Zaragoza", San José de Las Lajas.* Contribución al estudio de la agrodiversidad. Tesis doctoral para optar al grado de Doctor en Ciencias Agropecuarias, La Habana, Cuba.
57. Lubamba, M. (2018). *El sur de Angola sigue sufriendo sequía y hambruna.* Deutsche Welle.
58. Maia, M. R. (2012). *Sostenibilidad y agricultura familiar en Vitória da Conquista - BA. 287 p. (Tesis doctoral), Universidad Federal de Sergipe, São Cristóvão, SE.*
59. *Makishima,* N. (1983). *Producción de hortalizas a pequeña escala.* EMBRAPACNPH, 23p. (Instrucciones técnicas, 6).
60. Mankin, K.R. y Fynn, R. P. (2006). *Modelling individual nutrient uptake byplants:* Relating demand to microclimate. Agricultural Systems, 50 (1): pp 101 - pp114.
61. Márquez, G. Mervyn (2012). *Sistemas de producción y ergonomía*: una reflexión para el debate. Ingeniería Industrial. Actualidad y Nuevas Tendencias. Vol III, No 9. ISSN: 1856-8327.
62. Martin, C. A., Almeida, V. V. de, Ruiz, M. R., Visentainer, J. E. L., Matshushita, M., Souza, N. E. de Visentainer, J. V. (2006). *Ácidos grasos poliinsaturados omega-3 y omega-6:* importancia y presencia en los alimentos. Revista de Nutrição, Campinas, v. 19, n. 6, p. 761-770.
63. Martínez, C.F.P. (2010). *Evaluación de la eficiencia de tres fertilizantes orgánicos con tres dosis diferentes en el rendimiento y rentabilidad del cultivo de lactol.* Tesis en opción al título de Ingeniero Agrónomo. Riomba, Ecuador.
64. Méndez, V. Lenixia (2014). *Participación social las mujeres en la toma de decisiones y gestión de microempresas en zonas rurales de Guerrero.*
65. Área de investigación: *Emprendimiento social.* Universidad Autónoma de Guerrero, Unidad de Estudios de Posgrado e Investigación. XIX Congreso Internacional de Contabilidad, Administración e Informática.
66. MINADER (2005). *Informe sobre la campaña agrícola 2004-2005.*
67. MINADER (2006). *Informe sobre la campaña agrícola 2005-2006.*
68. MINADER (2009). *Plan Bienal del Sector Agrario (2010/2011).*

69. MINADER. (Ministerio de Agricultura y Desarrollo Rural). (2005). *Informe de Evaluación de la Campaña Agrícola 2004/05*. Consultado el 13 de febrero de 2021, en el sitio web de: Angola: http://www.minader.org/pdfs/seguranca_alimentar/Relat_Camp04_05%20Revisto.pdf.
70. MINADER-FAO. (2003). *Revisión del sector agrícola y de la estrategia de seguridad para la definición de las prioridades de inversión (TCP/ANG/2907) - Sistemas de producción agrícola.* Documento de trabajo nº 07. Versión preliminar para comentarios. Consultado el 28 de febrero de 2023, *en el sitio web de: Ministerio Agricultura y Desarrollo Rural de Angola*:http://www.minader.org/pdfs/fomento/volume_iii/sistema_producao_agricola.pdf.
71. MINADER-FAO. (2004). *Revisión de la estrategia del sector agrícola y de la seguridad para la definición de las prioridades de inversión* (TCP/ANG/2907) - Desarrollo de la agricultura de regadío. Documento de trabajo nº 09. Versión preliminar para comentarios. Consultado el 13 de mayo de 2023, en el sitio web de: Ministerio de Agricultura y Desarrollo Rural de Angola:http://www.minader.org/pdfs/fomento/volume_iii/desenvolvimento_agricultura_irrigad a.pdf.
72. MINAGRI - Angola (2019). *Informe de la campaña agrícola* 2017/18.
73. MINAGRI - Angola: Ministerio de Agricultura de Angola (2013). *Informe de la Misión Técnica Multisectorial a las Provincias de Benguela, Cuando Cubango, Cuanza Sul, Cunene, Huíla y Namibe*.
74. Moore, L. E., Brennan, P., Karami, S., Hung, R. J., Hsu, C., Boffetta, P., Toro, J., Zaridze, D., Janout, V., Bencko, V. (2007). *Glutathione S-transferase polymorphisms, cruciferous vegetable intake and cancer risk in the Central and Eastern European Kidney Cancer Study*. Carcinogenesis, 28, 1960-1964.
75. Moraes, Ê. G. y CURADO, F. F. (2004). *Los Límites del Asociativismo en la Agricultura Familiar en Asentamientos Rurales de Corumbá (MS).* En: Simposios sobre Recursos Naturales y Socioeconómicos del Pantanal, 4, Actas.... Corumbá. Disponible en:<http://www.cpap.embrapa.br/agencia/simpan/sumario/artigos/asperctos/pdf/socio/323SC_CURADO_8_OKVisto.pdf>. Consultado el: 28 de abril de 2023.

76. Muñoz, L. (2018). *Asociación de cultivo en el* Huerto. https://www.agrohuerto.com/asociacion-decultivos-compatibilidad-entre-plantas/ (acceso: 16/05/2023.
77. Muñoz, O., Germani, A., Aguilar, C., Jacinto, A. y Sarmiento, F. (2015).*Descripción de los sistemas intensivos de engorde de corderos en Yucatán*, México.
78. Nova Scientia Neto, J. (2008). *Angola: Agricultura y Alimentación.* Instituto Portugués Apoyo al Desarrollo, Centro de Documentación. Lisboa, Portugal.
79. Neto, Baptista y Cabral (2006). *Angola: Agricultura y Alimentación en Angola.* Agricultura, Recursos Naturales y Desarrollo Rural, Vol. I, Ilídio Moreira (org.), Isa Press, Lisboa.
80. Nilsson, J., Olsson, K., Engqvist, G., Ekvall, J., Olsson, M., Nyman, M. y Åkesson, B. (2006). *Variation in the content of glucosinolates, hydroxycinnamicacids, carotenoids, total antioxidant capacity and low-molecular-weightcarbohydrates in Brassica vegetables*. Journal of the Science of Food and Agriculture, 86, 528-538.
81. North, K. & Hewes, D. (2006). *Seguimiento de fincas para el progreso hacia la sostenibilidad.* LEISA Revista de agroecología, 1 (22).
82. Oberley, T.D. y Oberley, L.W. (1997). *Antioxidant enzyme levels in cancer.* Histology and Histopathology, 12, 525-535.
83. OGE (2011). *República de Angola.* Informe sobre los Presupuestos Generales del Estado.
84. ONU (Organización de las Naciones Unidas). (1995). *Cuarta Conferencia Mundial sobre la Mujer.* Anexo II. Plataforma de acción, capítulo 1, punto 1. Pekín, septiembre de 1995.
85. Ortega, F. (2009). *Preservar el suelo, una misión imponente.* Obtenido el 16 de mayo de 2023, del sitio Web: http://www.tribuna.co.cu.
86. Pacheco, F.; Carvalho, M. L. S. y Henriques, P. D. (2011). *Una contribución al debate sobre la sostenibilidad en la agricultura angoleña.* Proc. 2º Encuentro Luso-Angolano de Economía, Sociología, Medio Ambiente y Desarrollo Rural. Luanda, 311-343. ISBN 978-989-8550-20-0 PDNA Post-Disaster Needs Assessment (20). Sequía en Angola 2012 - 2016.
87. Pacheco, Raiza (2018). *La agricultura familiar como un medio para la seguridad alimentaria familiar en la parroquia de Chugchilan, cantón Sigchos, en el*

periodo de marzo a julio de 2017. (Disertación para obtener el título de Licenciado en Nutrición Humana). Pontificia Universidad Católica del Ecuador. Facultad de Enfermería. Programa de Nutrición Humana.

88. Palacios, V. y Barrientos, J. (2014). *Caracterización técnica y económica de agrosistemas productivos en dos resguardos indígenas del Putumayo (Colombia).* Acta agronómica, 63(2), 91-100. doi: 10.15446/acag. v63n2.29358.
89. Paterniani, E. (2001). *Agricultura sostenible en los trópicos.* Estudios avanzados43: 303-326.
90. Pedro, H. A. (2008). *La Irrigación Pública en Angola: Propuesta de un Modelo de Gestión.* Trabajo Final de Curso en Ingeniería Agronómica. Instituto Superior de Agronomía. Universidad Técnica de Lisboa, Lisboa. 50 pp.
91. Pereira de Oliveira, A., Arnaldo, N., Ovídio, P., Das Suany, M., Antonio, D.G. (2013). *Rendimiento de okra fertilizada con estiércol bovino y biofertilizantes.* Ciencias Agrarias. 34 (6): pp 2629 - pp 2636.
92. Pérez B. M. A. (2009). *Sistema agroecológico rápido para la evaluación de la calidad del suelo y la salud de los cultivos.* Guía Metodológica. Herramienta para la Gestión de Sistemas Agrícolas desde la perspectiva de la Agroecología.
93. Pérez, A., Saucedo, O., Iglesias, J., Wencomo, Hilda B., Reyes, F., Oquendo, G., Milián, Idolkys. (2010). *Caracterización y potencialidad del grano de sorgo (Sorghum bicolor L. Moench).* Pastos y Forrajes, vol. 33, núm. 1, enero-marzo, 2010, pp. 1-26.
94. Pierri, F. y Brady (2013). *La Década de la Agricultura Familiar en las Naciones Unidas.*
95. *Piñeiro, M. (2001). Opciones de inversión en la economía rural.* En Echeverria (Ed.). Desarrollo de las economías rurales en América Latina y el Caribe.
96. Ponce, V. (2010). *Proyecto de prefactibilidad para la producción y exportación de pulpa congelada de melón al mercado venezolano en el período 2011-2020.* Tesis presentada en la Escuela de Comercio Exterior, Integración y Aduanas. Venezuela.
97. Pudasaini, S. P. (2011). *The Effects of Education in Agriculture*: Evidence fromNepal. American Journal of Agricultural Economics, Vol. 65, Disponible en:http://www.perpustakaan.depkeu.go.id/peranian. PDF. Consultado en mayo de 2023.

98. Reghin, M., Olinik, J.R., Jacoby, C y De Silva, A. (2008) *Fertilización mineral y orgánica en col (Brassica oleraea L. Var. Capitata).* Producción total y comercial. Horticultura Brasileira. 2 (1): pp 13 - pp 16.

99. Ríos, G. G., Munoz, Clara Isabel, Pérez, C. J. C., Franco, G. y Arango, A. Doralnés, *et al.* (2000). *Caracterización de los sistemas de producción agropecuaria en el departamento de Caldas.* Revista Informe Técnico. SDALC.

100. Ríos, H. (2009). *Los agricultores mejoran los cultivos.* Fitomejoramiento Participativo. La Habana: INCA. 299 p.

101. Rodríguez, G., Horacio, A. de la L., Lérida, Hechevarría, S., Milanés F. Isabel y Rodríguez, F. C. A. (2008). *Estudio comparativo entre monocultivo e intercultivo en varias plantas medicinales.* Revista Cubana de Plantas Medicinales, 13(3).

102. Romojaro, F., Martínez, M., Madrid, C., Pretil, M. T. (2007). *Factores precosecha determinantes de la calidad y conservación postcosecha de productos agrícolas.*

103. Rosa, E. y Heaney, R. (1996). *Seasonal variation in protein, mineral and glucosinolate composition of Portuguese cabbages and kale.* Animal Feed Science and Technology, 57,111-127.

104. Saavedra, G. (2013). *Introducción a la producción de hortalizas. Serie técnica: Producción de hortalizas para la República de Guinea Ecuatorial.* Numero Organización de las Naciones Unidas para la Alimentación y la Agricultura (FAO). Oficina Subregional para África Central. República de Guinea Ecuatorial.

105. Sambeny, Z., Alves, E., Calegar, G., Tollini, H., Dias, A. F., Ramagem, S.*etal.* (2011). *La investigación agrícola en Angola.* Desafíos y propuestas. Vol.1. 385 pp.

106. Sarandón, S., Zuluaga, M., Cieza, R., Gómez, C., Janjetic, L. y Negrete, E. (2006). *Evaluación de la sustentabilidad de sistemas agropecuarios en misiones, argentina, mediante el uso de indicadores. Agroecología,* 1, 19-28.

107. Sardinha, R. M. & Carriço, J. S. (1975). *Ciencia, tecnología y universidad en el desarrollo del sector agrícola.* Reordenación. Revista Junta Provincial de Povoamento de Angola, 38: 19-22.

108. Schuroff, I. A. (2005). *Cultivo de mandioca y agricultura familiar en el centro Lídia Ivinhema - MS. Lavras,* UFLA, 2005. 41p. (Monografía de especialización).

109. Sebrae-Servicio de Apoio às Micro e pequenas Empresas de Bahia (2018).*Estudio de mercado. Agronegocios*: horticultura. Brasil. Pp 45.

110. SEBRAE-SP. (2013). *Perfil y necesidades del* sector *oleícola de São Paulo.* Disponible en: http://m.sebrae.com.br/Sebrae/Portal%20Sebrae/UFs/SP/Pesquisas/relatorio_olericultura_paulista.pdf>. Consultado el: 22 de mayo de 2023.

111. Sousa, J. L y Resende, P. (2010). *Manual de horticultura ecológica.* Viçosa: UFV. Kristaponyte, I. (2015). Efecto del sistema de fertilización sobre el balance de nutrientes de la planta y las propiedades agroquímicas del suelo. Investigación Agronómica. 3(1): pp 45 - pp 54.

112. Souza, A.M.K. (2018). *Crecimiento y productividad de la col de hoja en un sistema de losas con diferentes sustratos* (Tesis presentada al Programa de Posgrado en Agronomía). Centro de Ciencias Biológicas y de la Naturaleza, Universidad Federal de Acre. Rio Branco - AC.

113. Tello, S. Flavia Mabel (2009). *La participación política de las mujeres en los gobiernos locales de América Latina*: Barreras y desafíos para una efectiva democracia de género. Barcelona.

114. Tolio, B. A. y Doula, Sheila Maria (2016). *Jóvenes rurales e influencias institucionales para la permanencia en el campo: un estudio de caso en una cooperativa agrícola del Triângulo Mineiro INTERAÇÕES*, Campo Grande, MS,v. 17, n. 3, p. 370-383, jul./set. 2016.

115. Trani, E. P., Tivelli, S. W. Blat, F., *et al.* (2015). *Col de hoja: de la siembra a la poscosecha Campinas*: Instituto Agronômico, 2015. 36 p. online (Série Tecnologia Apta. Boletim Técnico IAC). ISSN 1809-7936.

116. Triani, P., Passos, F., Teodoro, M. C., Santos, V. J., Frare, P. (2015). *Encalado y fertilización para el cultivo de la col.* Disponible en: http//www.iac.sp.gov.br|calagemguiabo.htm. Fecha de consulta: 3 de abril de 2023.

117. Vasques, F. J. M. (2010). *La agricultura en la región de Luinga, Angola*: aptitud cultural y adaptaciones tecnológicas (Tesis de Maestría en Ingeniería Agronómica). Instituto Superior de Agronomía, Universidad Técnica de Lisboa.

118. Vilar, M., Cartea, M. E., Padilla G., Soengas, P., Velasco, P. (2008). *El potencial de la col rizada como cultivo hortícola prometedor.* Euphytica, v. 159, n. 1, p. 153-65.

119. Villaret, A. (2002). *El enfoque sistémico aplicado al análisis del medioagrícola*: introducción al marco teórico y conceptual. Praxis del desarrollo rural. Pradem/CICDA. Perú.

120. Victoria L. V, S (2023). *Evaluación de indicadores agroproductivos del cultivo de col de hoja (Brassica oleracea var. manteiga) con la aplicación de diferentes fuentes de fertilización orgánica y química en la localidad de Namacunde.* Trabajo de Fin de Grado para la obtención del título de Ingeniero. Opción: Agronomía. Instituto Politécnico de Ondjiva. Universidad Mandume Yandemufayo. "Huila Cunene

121. Wikipedia (2009). *Código Internacional de Nomenclatura Botánica.* Disponible en: http://es.wikipedia.org/wiki/CodigoInternacionaldeNomenclaturaBotanic. Fecha de consulta: 25 de abril de 2021.

122. Wizniewsky, C. R. y Wizniewsky, J. G. (2009). *Desarrollo rural, agricultura familiar y territorialidades.* Disponible en: http://www.google.com.br/url?sa=t&rct=j&q=escolaridade%20%20agricultura%20familiar&source=web&cd=7&sqi=2&ved=0CFoQFjAG&url=http%3A%2F%2Fegal2009.easyplanners.info%2Farea06%2F6413_Wizniewsky_Carmen_Rejane.doc&ei=xz0uUfWkD6WD0QH-gIFA&usg=AFQjCNFCB2d0b9uNHweEajmxBo-XyU0e3g&cad=rja>.Consultado: 17 de marzo de 2023.

123. Yasmeen Kausar (2011). *Impact of educated farmer on Agricultural Product*; Journal of Public Administration and Governance, Vol. 1, No. 2. Disponible en: http://www.macrothink.org/journal/index. /948/pdf. Consultado en: marzo de 2023.

124. Zamberlam, J. y Froncheti, A. (2001). *Agricultura ecológica: preservación del pequeño agricultor y del medio ambiente*. Petrópolis: Vozes, 214p.

VIII. ANEXOS

8.1 Datos climáticos

MAPA DE TEMPERATURAS MÁXIMAS Y MÍNIMAS, HUMEDAD RELATIVA Y PRECIPITACIONES PARA EL PRIMER TRIMESTRE DE 2023 - DATOS CLIMÁTICOS

Días	Tª máxima °c			Tª mínima °c			Humedad relativa %.			Precipitación mm		
	Jan	Febrero	Marc	Jan	Febrero	Marc	Jan	Febrero	Marc	Jan	Febrero	Marc
01	30,3	29,2	33,1	19,3	20,0	19,7	70	61	51			
02	30,4	30,9	29,8	21,0	21,5	19,1	61	51	66			
03	23,7	30,1	32,8	19,8	21,3	19,8	67	67	44			
04	20,1	32,1	33,0	18,7	20,8	18,0	98	48	20			
05	29,8	31,4	34,0	19,0	22,2	18,4	40	30	22			
06	31,1	30,9	35,9	19,6	20,8	18,8	29	59	21			
07	33,7	26,7	35,9	20,8	20,9	21,4	31	58	35			
08	32,3	28,6	31,0	22,9	21,7	21,5	27	65	50			
09	31,3	31,7	34,7	21,2	19,4	22,6	30	43	30			
10	33,2	33,1	34,4	23,1	18,8	22,4	44	46	40			
11	28,9	33,1	32,0	21,2	20,0	20,8	75	31	78			
12	31,6	33,8	32,8	21,6	20,3	22,6	67	31	68			
13	30,7	35,1	34,8	19,9	21,7	21,0	62	35	40			
14	31,1	35,6	35,0	18,0	23,4	21,2	68	31	39			
15	31,9	35,2	34,3	18,0	21,6	21,1	50	22	33			
16	29,6	33,3	33,4	20,7	18,2	20,2	71	27	47			
17	26,4	32,9	31,7	20,0	16,9	17,7	67	31	40			
18	25,7	31,9	33,5	19,0	13,7	20,0	85	23	50			
19	25,1	33,0	33,3	18,1	15,0	19,4	96	22	46			
20	22,3	33,1	33,9	20,6	15,4	19,3	90	24	49			
21	27,2	34,2	32,6	18,6	14,8	20,2	78	22	55			
22	24,6	35,4	32,4	17,2	17,4	21,3	71	26	47			
23	27,4	34,0	29,8	19,4	21,3	18,8	79	39	72			
24	28,4	32,9	32,0	18,5	20,8	20,5	79	48	53			
25	30,2	34,5	30,8	20,6	20,5	18,5	68	49	46			
26	31,0	34,3	25,6	19,0	20,2	21,2	71	46	84			
27	31,4	32,5	30,6	20,2	21,6	18,3	70	64	55			
28	30,1	27,9	28,4	21,1	19,7	18,6	68	-	77			
29	30,3		31,0	20,1		20,3	59		66			
30	27,8		31,8	17,9		20,6	77		63			
31	27,4			19,6		18,9	76		62			

Total	901,6	906,3	1006,6	548,8	548,8	622,2		1099,0	1565,0			
Media	28.6	30,2	32,5	19,7	19,6	20,1	65	78	51			

8.2 Área de producción de repollo (*Brassica Olerácea* L. *var. troncuda o português* y *var. manteiga* I -1811 *(B)*) en la Cooperativa R. L Cantinho do Chicote (N.J.F), en la comuna de Mukolongodjo, municipio de Cuvelai.

A. Pruebas de la preparación inicial de los viveros.

B. Viveros en desarrollo

C. Inicio del trasplante

D. Parcela en producción

Printed by Books on Demand GmbH, Norderstedt / Germany